U0166397

计算机网络基础

主　编　胡鹏昱　杨文明　张金华
副主编　包　斌　王晓军　李珈慧

湖南大学出版社
·长沙·

图书在版编目（CIP）数据

计算机网络基础/胡鹏昱，杨文明，张金华主编. —长沙：湖南大学出版社，2023.12
ISBN 978-7-5667-3302-3

Ⅰ.①计…　Ⅱ.①胡…　②杨…　③张…　Ⅲ.①计算机网络　Ⅳ.①TP393

中国国家版本馆 CIP 数据核字（2023）第 244091 号

计算机网络基础

JISUANJI WANGLUO JICHU

主　　编：胡鹏昱　杨文明　张金华
责任编辑：严　朔
印　　装：广东虎彩云印刷有限公司
开　　本：787 mm×1092 mm　1/16　　印　　张：15　字　数：384 千字
版　　次：2023 年 12 月第 1 版　　印　　次：2023 年 12 月第 1 次印刷
书　　号：ISBN 978-7-5667-3302-3
定　　价：48.00 元

出 版 人：李文邦
出版发行：湖南大学出版社
社　　址：湖南·长沙·岳麓山　　　邮　　编：410082
电　　话：0731-88822559（营销部），88821327（编辑室），88821006（出版部）
传　　真：0731-88822264（总编室）
网　　址：http://www.hnupress.com
电子邮箱：395405867@qq.com

前　　言

计算机网络技术不断更新和发展,使我们的生活和工作发生了巨大变化。计算机网络技术与各行各业有机融合,助力各个行业高速发展。网络已经成为我们生活中不可或缺的一部分,在这个网络技术不断更新的信息时代,社会对于高校计算机网络相关课程的教学提出了更高要求。为了跟上时代发展步伐,满足高校对计算机网络基础教学的需求,特编写本书。

本书以网络项目为依托,从行业的实际需求出发组织全书内容。全书分为 7 个项目,17 个任务,8 个项目实训,从计算机网络基础知识入手,深入浅出地介绍了网络体系结构、网络规划及 IP 地址划分、组建局域网、网络系统基础操作、Internet 接入与应用、网络维护等方面的内容。

本书具有以下特点。

1.在编写思路上,本书以培养学生职业能力为核心,以夯实学生理论基础为原则,采用“项目导向,任务驱动”的编写形式,遵循网络技能人才的成长规律,网络知识的传授、网络技能的积累和职业素养的培养并重。从网络应用场景分析到任务案例设计和实施,再到网络知识的阐述,学生不仅学习了知识,也培养了能力,为适应未来工作岗位奠定了坚实基础。

2.在内容选取上,本书紧扣网络前沿技术,并以华为 1+X 网络系统建设与运维职业技能等级标准为依据,把行业、企业的最新、最前沿的技术融入进来,使教学内容与实际应用对接,提升了教学内容的先进性、科学性和实用性。

本书总学时为 64 学时。在教学过程中,可根据学生的学习基础和实际教学情况进行调整。

本书由胡鹏昱、杨文明和张金华主编,包斌、王晓军、李珈慧等也参与了部分内容的编写。由于编者水平有限,书中难免存在不足或疏漏之处,恳请广大读者在使用过程中提出宝贵建议。编者邮箱:3450777@qq.com。

编　者

2023 年 7 月

目 录

项目 1　探索计算机网络

◆ **项目描述**

随着互联网的发展,网络在人们的日常生活、学习和工作中所起的作用越来越重要。那么你就有必要了解下什么是计算机网络,计算机网络的发展,以及组建计算机网络需要用到哪些传输介质。下面我们就一起来探索计算机网络吧。

◆ **学习目标**

知识目标:

(1)掌握计算机网络的基本定义;

(2)掌握计算机网络的组成与拓扑结构;

(3)掌握计算机网络的功能;

(4)掌握计算机网络常见的传输介质。

技能目标:

(1)认识身边常用的计算机网络;

(2)学会制作并测试双绞线;

(3)具备应用计算机网络的能力。

素养目标:

(1)具备利用计算机网络解决实际问题的能力;

(2)培养团结协作的精神;

(3)提升自学探索的能力。

任务 1.1　认识计算机网络

计算机网络是现代信息技术的重要组成部分,已经成为人们生活和工作中不可或缺的一部分。

1.1.1　计算机网络的定义

计算机网络是一种将多台计算机和其他网络设备连接起来,使它们能够相互通信和共享资源的系统。基本上,计算机网络就是一组相互连接的电子设备,其中包括计算机、服务器、路由器、交换机、集线器等,通过传输介质(例如光纤、铜缆或无线电波)相互通信,以实现数据通信和资源共享。

从计算机网络的定义可以看出,计算机网络的特点包括以下几个方面:

(1)分布式:计算机网络中的各个节点(计算机和其他网络设备)分布在不同的地理位置,它们之间通过传输介质相互连接,进行数据通信和资源共享。

(2)开放性:计算机网络是开放的系统,允许任何人或组织加入网络,并且可以使用标准化协议进行通信。这使得网络更加灵活、透明,互操作性更强。

(3)多样性:计算机网络可以采用不同的连接方式(如有线或无线)、不同的拓扑结构(如星型、环型、总线型等),以及不同的协议和服务(如 TCP/IP、HTTP、FTP 等)。这种多样性可以为不同的应用场景提供更加合适的网络方案。

(4)可靠性:当某个节点出现故障时,计算机网络可以自动调整路由并寻找替代路径,保证数据的正常传输。

(5)安全性:计算机网络需要具备一定的安全措施来确保数据的安全性和隐私性。例如,通过使用防火墙、加密技术等方法来保护网络和数据的安全。

(6)高效性:计算机网络能够实现高速的数据传输和处理,使得信息交流和资源共享更加快速、高效。同时,其也能够有效地管理带宽资源,优化网络性能。

总之,计算机网络的特点使其成为现代社会中不可或缺的基础设施之一。它能够实现跨越地理位置和时间限制的信息交流和资源共享,提高工作效率和生活质量。

1.1.2　计算机网络的组成

1.1.2.1　计算机网络的逻辑组成

一个完整的计算机网络在逻辑上由资源子网和通信子网构成,如图 1-1 所示。资源子网负责处理信息、提供资源,而通信子网负责全网的数据通信、信息传递。

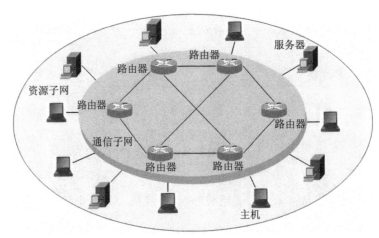

图 1-1　资源子网和通信子网

1）资源子网

资源子网主要由主机系统、用户终端、网络外部设备、各种软硬件资源和信息资源组成。主机系统包括服务器和客户端等设备,用户终端包括 PC、手机、平板等移动设备,网络外部设备包括路由器、交换机、防火墙等网络设备,各种软硬件资源包括打印机、文件服务器、数据库服务器等,信息资源包括文档、图片、音频、视频等。

资源子网的主要任务是处理网络数据业务并向网络用户提供各种网络资源和服务。例如,通过资源子网中的文件服务器,用户可以共享文件;通过打印机,用户可以进行打印操作。此外,资源子网还可以提供安全认证、数据加密、远程访问等网络服务。

资源子网中的主机系统和网络外部设备负责处理网络数据包,使其传输到目标位置。用户终端则是接收和发送数据的终点,通过接收和发送网络上的各种软硬件资源和信息资源满足用户的需求。

总之,资源子网是计算机网络中非常重要的概念,它由多种网络设备和资源组成,为用户提供各种网络服务和资源,帮助用户实现各种网络应用和业务操作。同时,资源子网既是信息传输的基础,也提供网络数据的处理,是计算机网络系统的重要组成部分。

2）通信子网

通信子网是计算机网络中用于管理网络通信的重要部分。它负责传输数据包,使得不同的网络设备和主机可以互相通信。在通信子网中,数据包通过源设备发送到目标设备,其中涉及多个网络设备和通信链路。

通信子网通常由一些网络设备(如路由器、交换机)和连接这些设备的通信链路组成。这些设备和链路根据其功能和位置通常会被划分为不同的区域或段,以便进行管理。例如,在企业内部可以根据部门或地理位置划分不同的通信子网,以便更好地控制网络流量并提高数据传输的速度和可靠性。通过划分通信子网,网络管理员可以优化网络性能和提高数据传输的效率,使得不同的网络设备和主机可以更好地互相通信。

1.1.2.2 计算机网络的软件组成

网络软件是实现网络功能不可缺少的软件环境。为了协调网络系统资源,系统需要通过软件工具对网络资源进行全面的调度与分配,并且采取一定的保密措施以保证数据的安全性与合法性等。计算机网络的软件组成主要包括以下几个方面:

（1）操作系统。计算机网络通常需要使用操作系统来提供各种服务和支持,例如文件共享、数据传输等。常见的网络操作系统包括 Windows Server、Linux 和 Unix 等。

（2）网络协议。网络协议是计算机网络中通信的基础,它规定了不同设备之间进行通信所必须遵守的规则和格式。常见的网络协议包括 TCP/IP 协议族、HTTP 协议、DNS 协议、SMTP 协议等。

（3）网络应用程序。网络应用程序是指在计算机网络中运行的各种应用软件,例如 Web 浏览器、FTP 客户端、邮件客户端等。这些应用程序使得用户可以在网络上进行各种操作和交互。

（4）网络安全软件。网络安全软件是指用于保障网络安全的各种软件,例如防火墙、入侵检测系统、病毒扫描器等。这些软件可以保护网络和数据不受恶意攻击和病毒感染等威胁。

（5）网络管理软件。网络管理软件是指用于管理和监控网络设备和资源的各种软件,例如网络管理系统(NMS)、网络拓扑映射工具等。这些软件可以帮助网络管理员更好地监控网络性能和资源使用情况。

计算机网络的各种软件共同构成了计算机网络系统的基础,并为用户提供了各种网络服务和功能。

1.1.2.3 计算机网络的硬件组成

网络硬件的选择对网络的组成起着决定性作用,网络硬件是计算机网络系统的基础架构。要构建一个计算机网络系统,首先要将计算机及其相关的硬件设备与网络中的其他计算机系统连接起来。计算机网络的硬件组成主要包括以下几个方面:

(1)主机。主机是计算机网络中的核心设备,它通常由处理器、内存、硬盘等部件组成。主机通过通信链路连接到网络中,可以作为客户端或服务器提供各种网络服务和应用。

(2)通信链路。通信链路是连接不同计算机设备的物理或逻辑路径,例如网线、光纤等。它们扮演了数据传输的枢纽角色,可以使设备之间实现通信和数据交换。

(3)网络设备。网络设备是用于管理和控制数据流的设备,例如路由器、交换机、集线器等。它们通过通信链路连接在一起,并协同工作来保障整个网络的正常运行。例如,路由器负责将数据包从一个网络传输到另一个网络,交换机则可以提高数据传输的速度和可靠性。

(4)中继设备。中继设备通常位于通信链路的中间位置,用于放大信号和弱化噪声。例如,中继器可以增大信号的强度,使得信号可以在长距离的链路上传输;而光纤放大器则可以放大光信号,增加光纤传输的带宽和距离。

(5)网络安全设备。网络安全设备通常用于保护网络和数据不受恶意攻击和病毒感染等威胁。例如,防火墙可以过滤入侵尝试和恶意流量,防止黑客攻击;入侵检测系统可以监控网络流量,及时发现并阻止入侵行为。

(6)其他硬件设备。除了以上几种设备外,计算机网络中还包括打印机、扫描仪、存储设备等。这些设备可以通过网络连接到主机和服务器,提供各种服务和应用。

1.1.3 计算机网络的分类

1.1.3.1 按地理分布范围划分

按地理分布范围,计算机网络可以划分为以下几个层次:

(1)个人区域网络(PAN)。个人区域网络通常是指覆盖小范围的计算机网络,例如连接手机和笔记本电脑的蓝牙网络就属于个人区域网络。

(2)局域网(LAN)。局域网通常由一些计算机和其他网络设备组成,范围限定在一个小的地理区域内,例如家庭、办公室、学校等。局域网通常使用以太网技术或 Wi-Fi 技术进行连接。

(3)城域网(MAN)。城域网通常覆盖在一个城市或大学校园内,其规模比局域网更大,但范围仍然较为有限。城域网通常使用光缆或无线电波进行连接。

(4)广域网(WAN)。广域网覆盖的范围更广,通常跨越多个城市或地区。广域网通常由多个局域网和城域网组成,并通过专线或 Internet 等公共网络进行连接。

(5)互联网(Internet)。互联网是全球最大的计算机网络,它将世界各地的计算机网络连接在一起,形成了一个庞大的信息交流和资源共享平台。

（6）存储区域网络（SAN）。存储区域网络是用于连接数据存储设备的高速网络,其目的是提供更高效、可靠、安全的数据存储方案。

（7）无线传感器网络（WSN）。无线传感器网络是由大量分布在广阔地理区域内的微型无线传感器节点组成的网络,用于实现对物理环境的监测、控制和管理。

（8）卫星网络（satellite network）。卫星网络使用卫星作为通信中心,将全球各地的计算机网络连接起来,以实现跨越地域限制的信息传输和交流。

1.1.3.2　按传输技术划分

网络传输技术包括点对点和广播式两种主要方式。

（1）点对点（point-to-point）传输技术。点对点传输是指在计算机网络中,两个节点之间建立一条专门的连接通道,使用这条通道进行数据传输。点对点传输技术通常采用 TCP/IP 协议进行通信,具有传输速度快、可靠、稳定等优点。点对点传输技术适用于需要高速且稳定传输数据的场合,例如文件传输、视频会议等。常见的点对点传输应用包括 FTP、SSH 和 P2P 等。

（2）广播式（broadcast）传输技术。广播式传输是指在计算机网络中,一条信息被广播到整个网络中的所有节点上。广播式传输技术通常采用 UDP 协议进行通信,具有传输范围广、传输效率高等特点。广播式传输技术适用于需要向整个网络中的所有设备发送同样信息的场合,例如多媒体广播、网络广告等。常见的广播式传输应用包括 IP 电视、网络广告、路由器中的广播地址等。

需要注意的是,虽然点对点传输技术和广播式传输技术都可以实现信息的传输,但它们在适用场景、应用方式和技术实现上存在较大的差异。用户在选择传输技术时需要考虑实际需求,选择合适的传输方式来满足自己的需求。

1.1.3.3　按拓扑结构划分

在计算机网络中,为了便于对计算机网络结构进行研究或设计,通常把计算机、终端、通信处理机等设备抽象为点,把连接这些设备的通信线路抽象成线,并将由这些点和线构成的拓扑结构称为计算机网络拓扑结构。常见的计算机网络拓扑结构有星型拓扑、总线拓扑、环型拓扑、树型拓扑和网状拓扑。

1）星型网络（star network）

星型网络拓扑结构是一种计算机网络的物理拓扑结构,它以一个中心节点为核心,将所有其他节点直接连接到该中心节点。这个中心节点通常被称为"中心集线器"或"交换机",而其他节点则被称为"边缘节点",如图 1-2 所示。

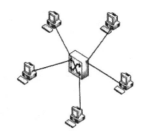

图 1-2　星型网络拓扑结构

在星型网络拓扑结构中,所有的数据流都必须通过中心集线器进行传输和交换。当某个边缘节点需要与另一个节点进行通信时,它会将数据包发送到中心集线器,由中心集线器将数据包转发给目标节点。因此,中心集线器在星型网络中扮演着非常重要的角色。

星型网络拓扑结构具有以下显著的优点:

①由于每个节点都直接连接到中心集线器,因此网络的管理和维护变得更加容易。

②由于数据流只需经过中心集线器,因此网络上的各个节点之间不会相互干扰,从而实现了更稳定、更可靠的数据传输。

然而,星型网络拓扑结构也存在一些缺点:

①由于所有的数据流都必须通过中心集线器,因此该节点成为整个网络的瓶颈。如果该节点出现故障或负载过高,整个网络的性能将会受到严重影响。

②该结构不太适用于大型网络,因为节点数量的增加会导致成本增加,并且中心集线器将需要处理更多的数据流。

2)总线网络(bus network)

总线网络是计算机网络中比较简单的拓扑结构之一,它以一个传输媒介(通常是双绞线)作为通信介质,将所有的设备连接在同一条总线上。所有计算机和设备通过这条总线互相通信,并且共享同一个信道。

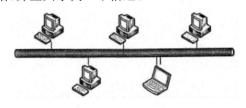

图1-3 总线网络拓扑结构

总线网络中每个设备都会发送数据到总线上,其他设备会监听总线并接收这些数据。由于所有设备的数据都经过总线传输,因此总线网络可以实现任意两台设备之间的数据交换,而无须像星型网络那样需要经过中心节点进行转发,如图1-3所示。

总线网络具有以下优点:

①结构简单:总线网络拓扑结构简单,易于构建和维护,成本低廉。

②可扩展性强:总线网络支持添加新设备,可以轻松扩大网络规模。

③故障检测容易:故障设备可以被快速检测和更换,不影响整个网络的运行。

总线网络也存在一些缺点:

①性能受限:当网络中传输的数据量增加时,总线可能会出现瓶颈,导致网络性能下降。

②安全性差:总线上的任何设备都可以接收到其他设备发送的数据,容易引起信息泄露和安全问题。

③故障点较多:由于所有设备共享同一个传输媒介,当一台设备失效时,整个网络可能会瘫痪。

总之,总线网络结构简单、可扩展性强,适用于小型局域网。但它由于具有故障点较多、安全性差以及性能受限等缺点,现在已经逐渐被更先进的拓扑结构取代。

3)环型网络(ring network)

环型网络是一种每个节点只与相邻节点直接相连的网络。环型网络使用Token传输控制信号,保证数据传输的可靠和安全。环型网络适用于小型局域网,但容易因网络负载过高而导致性能下降。环型网络拓扑结构是一种计算机网络的物理拓扑结构,其节点按照一个环形排列,并且每个节点都与相邻的两个节点直接连接。数据流动在整个环上,当某个节点需要发送数据时,它会将数据包沿着环传递给下一个节点,直到数据包到达目标节点,如图1-4所示。

环型网络拓扑结构具有以下优点:

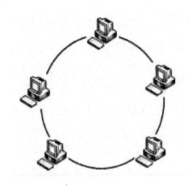

图1-4 环型网络拓扑结构

①由于环上的每个节点都直接连接到相邻的两个节点,因此不存在中心节点,从而降低了单点故障的风险。

②因为数据包可以在环上快速地传递,从而减少了延迟,在一定程度上提高了网络性能。

然而,环型网络拓扑结构也存在一些缺点:

①由于数据包必须在整个环上传递,因此当网络中出现故障或阻塞时,整个网络的性能会受到影响。

②由于数据包沿着环进行传递,因此只有一个方向是有效的,这意味着如果数据需要在相反的方向上进行传输,则必须建立另外一个环。

为了弥补这些缺点,通常会使用双向链路来构建环型网络拓扑结构,从而使数据包可以在正反两个方向上传递。此外,还可以使用一些技术来提高环型网络的性能和可靠性,例如使用多个环、配置备份路径,以及实现自动恢复等。

4)树型网络(tree network)

树型网络拓扑结构采用了类似于树状结构的形式将各个节点连接在一起。在树型网络中,有一个被称为"根节点"的节点,所有其他节点都通过链路直接或间接地与它连接。在树型网络拓扑结构中,除了根节点没有父节点外,每个节点都有唯一的父节点;每个节点可以有多个子节点。当一个节点向另一个节点发送数据时,数据会从发送节点的子节点传递到其父节点,然后继续沿着树的路径传递,直到到达目标节点,如图 1-5 所示。

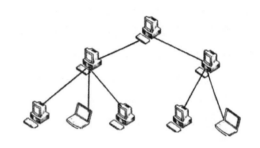

图 1-5 树型网络拓扑结构

树型网络拓扑结构具有以下优点:

①由于每个节点只需要与其父节点和子节点直接连接,因此树型网络的规模可以很大,并且可以轻松地进行扩展。

②该结构具有良好的层次,使得网络的管理和维护变得更加简单。

③树型网络具有很高的可靠性,如果某个节点发生故障,仅仅影响该节点及其子节点,而不会影响到整个网络。

然而,树型网络拓扑结构也存在一些缺点:

①由于数据必须依次从父节点向下传递,因此当某个节点发送大量数据时,整个网络的性能可能会受到影响。

②该结构也存在单点故障的问题,如果根节点或某个关键节点发生故障,则整个网络将无法正常运行。

③树型网络结构清晰、层次分明,但路径长度较大,不利于数据传输。

为了弥补上述缺点,可以采用一些技术来增强树型网络的可靠性和稳定性,例如使用冗余路径、实现自动恢复等。

5)网状网络(mesh network)

网状网络拓扑结构是一种复杂的计算机网络结构,它由多个节点相互连接形成。在网状网络中,每个节点都可以与其他节点直接或间接地连接,并且数据流可以通过不同的路径进行传输。这些路径可以是物理链路、无线网络或者是虚拟通道等。

网状网络的构建方式非常灵活,每个节点都可以直接或者间接地连接到其他节点,从而构建一个高度分散和自组织的网络结构。这种分散性使得网状网络能够适应各种规模和复杂度的网络环境,如局域网、城域网、广域网等。

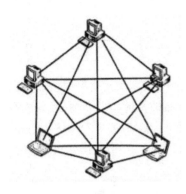

图 1-6 网状网络拓扑结构

在网状网络中,每个节点都可以充当路由器或交换机的角色,将数据包转发给其他节点。当源节点需要向目标节点发送数据时,数据包可以通过多条路径进行传输,从而提高了网络的可靠性和稳定性。此外,在网状网络中,数据包也可以选择最优路径进行传输,从而提高了网络的性能和效率,如图 1-6 所示。

然而,网状网络也存在一些问题,例如节点数量较多,管理和维护难度较大,容易出现数据包丢失、延迟过高等问题。因此,在建立网状网络时,需要采取一些技术手段来提高网络的可靠性和稳定性,例如使用路由协议、实现负载均衡、利用智能路由等。

1.1.3.4 按通信媒体划分

计算机网络按照通信媒体可以分为有线网络和无线网络。

1)有线网络

有线网络是指利用电缆、光纤等物理线路进行数据传输的网络系统。有线网络通常具有较高的稳定性和传输速度,并且不容易受到外界干扰,因此在有大量数据需要传输的场景中广泛应用。根据不同的物理线路特点,有线网络又可以分为以下几类:

(1)同轴电缆网络:使用同轴电缆作为通信介质,适用于局域网等小范围内的高速通信。

(2)双绞线网络:使用双绞线作为通信介质,适用于局域网和广域网中的数据传输。

(3)光纤网络:使用光纤作为通信介质,具有高速传输、长距离传输和抗干扰能力强等优点,在城域网和广域网中广泛应用。

2)无线网络

相对于有线网络,无线网络则是一种基于无线电波或红外线等无线通信技术的网络结构。无线网络具有灵活性高、覆盖范围广等优点,适用于移动设备如手机、平板电脑等的连接,以及在场地或区域内进行无线通信。根据不同的无线技术,无线网络又可以分为以下几类:

(1)无线局域网(WLAN):使用 Wi-Fi 等技术实现无线局域网,适用于小范围的无线通信。

(2)无线城域网(WMAN):使用 WiMAX 等技术实现广域无线通信,适用于城市中的大范围覆盖。

(3)无线广域网(WWAN):使用 GSM、CDMA 等技术实现移动电话通信,适用于全球范围内的无线通信。

1.1.4 计算机网络的功能

计算机网络的功能主要表现在以下四个方面:

（1）数据通信。计算机网络可以实现不同节点之间的数据传输和通信。通过使用各种协议和标准，网络中的不同设备可以相互发送和接收数据，包括文字、图像、音频、视频等多种形式的信息。

（2）资源共享。计算机网络可以使不同节点之间的设备（如打印机、存储器、扫描仪等）进行资源共享。这样就可以避免每个节点都需要单独购买和维护这些设备，从而降低成本并提高效率。

（3）远程处理。计算机网络可以使不同节点之间的计算资源进行远程处理。例如，利用云计算技术，用户可以通过网络访问云服务器来执行计算任务，而无须在本地机器上进行运算，从而节省了计算资源和时间。

（4）信息服务。计算机网络可以提供各种信息服务，例如搜索引擎、发送和接收电子邮件、查看新闻、网上购物等。这些服务通过互联网或企业内部网络提供，并且可以随时随地访问，为人们的工作和生活带来了许多便利。

1.1.5 计算机网络的发展

1.1.5.1 计算机网络的起源

下面将从背景、ARPANET 的建立、TCP/IP 协议的诞生、互联网的不断发展等方面详细阐述计算机网络的起源。

1）背景

20 世纪 50 年代末期以前，计算机还处于发展的初期。当时的计算机通常只有少数大型机器被用于科学研究和军事领域，它们之间没有任何联系，也不能相互通信。这就使得将分散的计算资源进行共享和协同变得非常困难，同时也制约了计算机技术的发展。

随着时间的推移，人们开始思考如何将分散的计算资源连接起来，实现数据共享和协同。1957 年 10 月 4 日，苏联成功发射了第一颗人造卫星"斯普特尼克 1 号"，震惊了全世界。这也引起了美国政府对技术和信息的重视，促进了计算机网络的发展。

20 世纪 60 年代初期，美国国防部成立了一个名为"ARPA"（Advanced Research Projects Agency，高级研究计划署）的组织，旨在支持各种前沿的科学研究和技术开发。ARPA 开始筹备建立一个可以互相连接的计算机系统，促进各种研究和应用的开展。当时，通信网络主要采用电话、电报等方式，数据传输速度很慢，而且受限于物理距离。因此人们需要寻找一种全新的网络结构，能够更快、更灵活地进行数据传输。

2）ARPANET 的建立

1966 年，ARPA 开始启动一个名为"ARPANET"的计算机网络项目，旨在实现分布式计算机系统之间的互联和数据共享。这个项目有众多科学家和工程师参与，最终在 1969 年成功地建立了第一个真正意义上的计算机网络 ARPANET。

ARPANET 最初将美国加利福尼亚大学洛杉矶分校、斯坦福大学、加利福尼亚大学圣巴巴拉分校和犹他大学的 4 台主要的计算机连接起来，实现了远程互联和数据传输。这些计算机被称为"节点"，它们通过特殊的设备和线路连接起来，形成了一个由小型网络组成的大型网络。

ARPANET 的建立是一个划时代的事件，它标志着计算机网络的诞生。ARPANET 不仅为军事领域和科学研究带来了极大的便利,也为后来互联网的建立和发展奠定了基础。

3)TCP/IP 协议的诞生

在 ARPANET 建立之初,各个节点使用不同的通信协议,每一个节点都需要使用相应的软件才能进行通信。这样会导致各个节点之间的相互操作性很弱。为了解决这个问题,AR-PA 聘请了科学家 Vinton Cerf,其设计并开发了一种新的通信协议,即 TCP/IP 协议。

TCP/IP 协议是一种开放式的通信协议,它将数据拆分成小块进行传输,并通过互联网控制报文协议(ICMP)实现网络故障情况的检测和处理。TCP/IP 协议的诞生彻底解决了不同计算机之间互联的问题,同时也使得互联网更加稳定、灵活和可靠。

4)互联网的不断发展

20 世纪 70 年代末期,互联网开始向民用领域转化。1983 年 1 月 1 日,ARPANET 正式采用 TCP/IP 协议,这也标志着互联网时代的到来。此后,互联网快速发展,并逐渐普及至全球各个角落。

20 世纪 90 年代,随着万维网的出现和普及,互联网开始真正地进入人们的日常生活,并逐渐成为全球最大的信息交流平台。互联网不仅改变了人们的生产、生活和学习方式,也促进了经济、文化、政治等各个领域的发展。

今天,互联网已经成为人类社会中不可或缺的一部分。它通过无数节点连接整个世界,满足人们工作、生活、学习等各个方面的需求。同时,互联网也带来了一些新的问题和挑战,如网络安全、隐私保护、信息泛滥等,这些问题需要得到重视和解决。

1.1.5.2 计算机网络的发展趋势

计算机网络的发展趋势主要包括以下方面:

(1)高速化和普及化。随着数字化程度的提高,用户对于更高速度和更广泛覆盖的需求将会持续增长。未来计算机网络需要不断优化网络基础设施和传输技术(如 6G 等技术的引入),以满足日益增长的数据流量以及用户对于网络速度和稳定性的要求。

(2)多样化的服务和应用。未来计算机网络将涵盖更加丰富的应用场景并提供更丰富的服务,例如虚拟现实、智慧城市、自动驾驶等。这些新兴应用将会对网络带宽、时延、可靠性等方面提出更高要求,未来计算机网络需要不断优化和改进以满足这些应用场景的需求。

(3)安全性和可靠性。网络安全问题是一个重要的问题,未来计算机网络的发展将注重网络的安全性和可靠性,采取多种措施来确保网络的可用性,如备份数据、容错、负载均衡等。此外,未来计算机网络还需要采用更加先进的网络安全技术,如量子密码技术、生物识别技术等,以保障用户的隐私和数据安全。

(4)人工智能和大数据。计算机网络的发展与人工智能及大数据密切相关。未来计算机网络需要支持更复杂的数据分析和处理,提高网络的科学性和效率,为各行各业提供更好的决策支持和服务。例如,数据中心和云计算将进一步结合人工智能技术,实现更为智能化的数据管理和运营。

(5)灵活性和可编程性。未来计算机网络将采用更加灵活和可编程的技术,例如软件定义网络(SDN)、网络功能虚拟化(NFV)等,以满足不同服务和应用场景的需求。这些新技术能够实现网络资源的动态调配和灵活管理,提高网络的可编程性和可扩展性。

任务 1.2 制作及测试双绞线

在计算机通信网络中,首要问题就是通信线路问题。通信分为有线通信和无线通信,有线通信中的信号主要是电信号和光信号,负责传输电信号和光信号的各种线缆的总称就是通信线缆。目前在通信线路中,常用的传输介质有同轴电缆、光纤和双绞线(twisted pair,TP)。

1.2.1 认识同轴电缆

1.2.1.1 同轴电缆的结构

同轴电缆是一种常用的有线传输介质,如图 1-7 所示。它由以下几个主要部分组成:

(1)中心导体。中心导体是同轴电缆的内部导体,通常由铜或铜合金制成。它负责传输电信号。

(2)绝缘层。绝缘层是包裹在中心导体外部的一层绝缘材料,常见的材料有聚乙烯(PE)或聚氯乙烯(PVC)。绝缘层的主要作用是防止电信号在传输过程中与外部环境接触,以避免信号损失或干扰。

(3)网状屏蔽层。网状屏蔽层位于绝缘层的外部,通常由铝箔或铜网编织而成。它的作用是阻挡外部的干扰信号,保护传输信号免受干扰。

(4)塑料封套。塑料封套是同轴电缆的最外层,用于保护整个电缆结构。常见的材料有聚乙烯或聚氯乙烯。塑料封套还可以提供机械保护,防止电缆受到物理损坏。

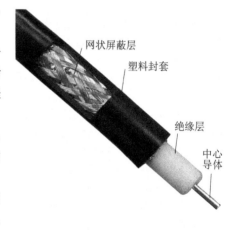

图 1-7 同轴电缆

在同轴电缆的结构中,中心导体和绝缘层之间的空间被称为内导体空隙(inner conductor gap),绝缘层和网状屏蔽层之间的空间被称为外导体空隙(outer conductor gap)。同轴电缆的结构使得它具有较大的传输带宽和较强的抗干扰能力。中心导体和网状屏蔽层之间的电场分布可以减少信号损失和干扰。此外,网状屏蔽层的存在还可以阻止电磁辐射,减少对周围设备的干扰。

1.2.1.2 同轴电缆的分类

从抗阻特性来看,可以将同轴电缆分为两种类型,即 50Ω 同轴电缆和 75Ω 同轴电缆。

1)50Ω 同轴电缆

50Ω 同轴电缆是一种常用的同轴电缆,主要用于传输高频数字信号,如无线电通信和计算机网络。它具有较低的电阻和反射损耗,能够提供较高的传输质量和信号完整性。50Ω 同轴电缆能够以 10Mbit/s 的速率传送基带数字信号。根据直径不同,又将 50Ω 同轴电缆分为粗缆和细缆,粗缆直径为 1.47cm(含保护外套),抗干扰性能好,传输距离远,不使用任何中继设备就能传输 500m;细缆直径为 0.70cm(含保护外套),价格便宜,但传输距离近,在不使用中继设备的情况下只能传输 185m,故远距离传输必须使用中继器。

2)75Ω 同轴电缆

75Ω 同轴电缆主要用于传输模拟信号,如电视信号和音频信号。它具有较高的电阻和反射损耗,适用于模拟信号的传输。75Ω 同轴电缆通常用于有线电视、音频设备和视频监控等。

这两种类型的同轴电缆在电阻特性上的不同主要是因为其设计和用途存在差异。50Ω 同轴电缆适用于高频数字信号传输,需要较低的电阻来减少信号损失和反射。而 75Ω 同轴电缆适用于模拟信号传输,需要较高的电阻来匹配信号源和接收器的阻抗。需要注意的是,50Ω 和 75Ω 同轴电缆之间的互换并不可行,因为它们的电阻不匹配会导致信号反射和损失。因此,在选择和使用同轴电缆时,需要根据具体的应用需求和设备要求选择适宜的电缆类型。

1.2.1.3　同轴电缆的特点

同轴电缆具有以下几个主要特点:

(1)抗干扰能力强。同轴电缆的网状屏蔽层可以有效地阻挡外部的电磁干扰信号,保证传输信号的完整性。这使得同轴电缆在工业环境或电磁干扰较多的场合下具有良好的抗干扰能力。

(2)传输带宽较大。同轴电缆的设计使其能够传输较高频率的信号,提供较大的传输带宽。这使得同轴电缆在需要高速传输数据的场景中表现出色,如网络通信、视频传输和宽带接入等。

(3)传输距离较远。同轴电缆由于存在网状屏蔽层,可以减少信号的衰减和干扰,从而实现较长距离的传输。这使得同轴电缆在需要远距离传输信号的场景中具有优势,如电视广播、监控系统和长距离通信等。

1.2.2　认识光纤

光纤是一种用于传输光信号的细长柔性材料,由一个或多个光导纤维组成。

1.2.2.1　光纤的构造

光纤由光纤芯、包层和护套三个主要部分组成。光纤芯是光信号传输的核心部分,通常由高纯度的二氧化硅(SiO_2)等材料制成。包层是包围在光纤芯外的一层材料,一般采用折射率较低的材料,如聚合物或者氟化聚合物。护套则是用于保护光纤的外层,一般由塑料或者金属材料制成。

1.2.2.2　光纤的工作原理

光纤的工作原理是基于光的全反射现象。当光信号从光纤芯进入包层时,由于包层的折射率较低,光信号会在光纤芯和包层的交界处发生全反射,沿着光纤芯内部一直传输。光信号的传输是通过光的电磁波在光纤芯内部的多次反射实现的。这种全反射的现象使得光信号能够在光纤中传输较长的距离而不会明显衰减。

1.2.2.3　光纤的分类

根据不同的应用需求和制造工艺,光纤可以分为多种类型,常见的包括单模光纤(single-mode optical fiber,SMF)和多模光纤(multi-mode optical fiber,MMF)。单模光纤的光纤芯直径较小,能够传输单一模式的光信号,适用于长距离传输和高速通信。多模光纤的光纤芯直径较大,能够传输多个模式的光信号,适用于短距离传输和低速通信。此外,还有特殊用途的光纤,其可应用于光纤传感器和光纤光栅等,作测量、控制和传感之用。

1.2.3 认识双绞线

双绞线是综合布线工程中最常用的传输介质,是由多对具有绝缘保护层的铜导线组成的。与其他传输介质相比,双绞线在传输距离、信道宽度和数据传输速率等方面均有一定的限制,但其价格较为便宜。

1.2.3.1 双绞线的分类

1)按是否具有屏蔽分类

按照是否有屏蔽,双绞线可以分为非屏蔽双绞线(unshielded twisted pair,UTP)和屏蔽双绞线(shielded twisted pair,STP)两种类型。

(1)非屏蔽双绞线。非屏蔽双绞线只由裸露的铜线芯和彩色绝缘体构成,没有任何外部屏蔽层,其结构如图1-8所示。它是一种经济实惠、易于安装和维护的传输介质,适用于大多数的局域网和广域网应用场景。因为没有屏蔽层的保护,UTP受到干扰和噪声的影响较大,限制了其传输距离和速率。

(2)屏蔽双绞线。屏蔽双绞线在双绞线周围加入了一层金属网屏蔽层或者铝箔屏蔽层,并对每对双绞线单独进行了包覆屏蔽,其结构如图1-9所示。这可以有效减少干扰和噪声的影响,提高传输速率和增大传输距离,适用于高速、高质量数据传输的应用场景。但由于存在屏蔽层,STP比UTP要复杂、昂贵,安装和维护较为麻烦。

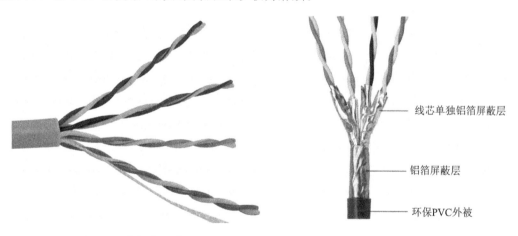

图 1-8 非屏蔽双绞线　　　　　　　　图 1-9 屏蔽双绞线

2)按传输电器性能分类

双绞线按照传输电器性能的不同,可以分为五类双绞线、超五类双绞线和六类双绞线。这三种双绞线的主要区别在于它们支持的最高频率和数据传输速度不同。

(1)五类(Category 5)双绞线。五类双绞线是最早被广泛使用的双绞线,支持的最高频率为100MHz,最大数据传输速率为100Mbit/s。在局域网和广域网等应用场景中,五类双绞线已经不能满足高速、大容量数据传输的需求。

(2)超五类(Category 5e)双绞线。超五类双绞线是五类双绞线的增强版本,支持的最高频率为250MHz,最大数据传输速率可达1Gbit/s。超五类双绞线可以实现更高速、更稳定的数据传输,适用于数据密集型应用场景。

(3)六类(Category 6)双绞线。六类双绞线是新一代的双绞线,支持的最高频率为550MHz,最大数据传输速率可达10Gbit/s。六类双绞线可以实现更高速、更长距离、更低噪声的数据传输,适用于要求高速、高质量、大容量数据传输的应用场景。

以上双绞线类型数字越大、版本越新、技术越先进、带宽也越宽,价格也就越贵。

1.2.3.2 双绞线的标注方法

如果是标准类型,则按照CATx方式标注,如常用的五类双绞线和六类双绞线会在双绞线的外皮上标注CAT.5、CAT.6,如图1-10所示;而如果是超类的,则按CATxe方式标注,如超五类双绞线标注为CAT5e。

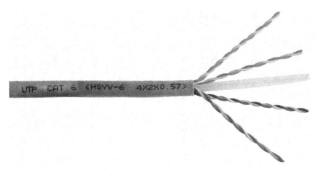

图1-10　六类双绞线的标注

1.2.3.3 双绞线的线序标准

双绞线的线序标准通常使用 TIA/EIA-568 标准,其中包括两种线序,即 T568A 和 T568B。这些线序定义了双绞线中四对线缆的连接方式,以确保在网络中正确传输数据信号。

T568A 线序将绿色/白色线连接到 1 号引脚,绿色线连接到 2 号引脚,橙色/白色线连接到 3 号引脚,蓝色线连接到 4 号引脚,蓝色/白色线连接到 5 号引脚,橙色线连接到 6 号引脚,棕色/白色线连接到 7 号引脚,棕色线连接到 8 号引脚。因此其线序定义依次为白绿、绿、白橙、蓝、白蓝、橙、白棕、棕,如图 1-11(a)所示。

T568B 线序将橙色/白色线连接到 1 号引脚,橙色线连接到 2 号引脚,绿色/白色线连接到 3 号引脚,蓝色线连接到 4 号引脚,蓝色/白色线连接到 5 号引脚,绿色线连接到 6 号引脚,棕色/白色线连接到 7 号引脚,棕色线连接到 8 号引脚。因此其线序定义依次为白橙、橙、白绿、蓝、白蓝、绿、白棕、棕,如图 1-11(b)所示。

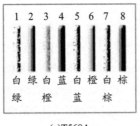
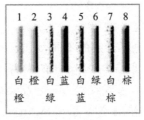

(a)T568A　　　　　　　　(b)T568B

图1-11　双绞线色标和线序

1.2.3.4　双绞线的连接方法

双绞线连接方法分为直通连接和交叉连接,因此对应的网线通常称为直连网线和交叉网线,网线 RJ-45 接头(水晶头)排线示意如图 1-12 所示。

1)直连网线

①网线水晶头两端都按照 T568B 或 T568A 标准制作。

②用于不同级设备之间的连线,例如交换机连接路由器,交换机连接计算机。

2)交叉网线

①网线水晶头两端一端是按 T568B 标准制作,另一端是按 T568A 标准制作。

②用于相同的设备之间,例如计算机连接计算机,交换机连接交换机。

目前,通信设备的 RJ-45 接口基本都能自适应,遇到网线不匹配的情况时,可以自动翻转端口的接收和发射。所以,当前一般只使用直连网线即可。

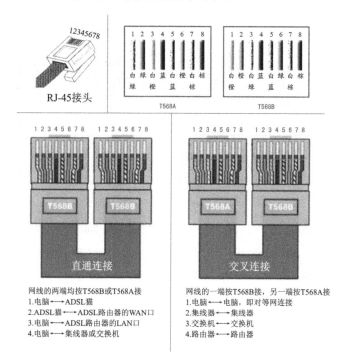

图 1-12　网线 RJ-45 接头(水晶头)排线示意图

1.2.4　制作双绞线

双绞线的制作分为直连网线的制作和交叉网线的制作。制作过程主要分为五步,可简单归纳为"剥""理""剪""插""压"五个字。

双绞线制作过程的详细步骤如下:

(1)准备双绞线。准备好超五类双绞线、超五类 RJ-45 水晶头、压线钳和网线测试仪等,如图 1-13 所示。

(2)剥线。使用压线钳的剥线刀口夹住超五类双绞线的外保护套管,适当用力夹紧并慢慢旋转,让刀口正好划开双绞线的外保护套(注意不能将里面的双绞线的绝缘层划破),刀口距超

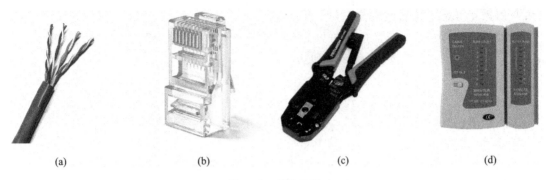

(a)   (b)   (c)   (d)

图 1-13 制作工具

(a)超五类双绞线；(b)超五类 RJ-45 水晶头；(c)压线钳；(d)网线测试仪

五类双绞线的端头至少 2cm，如图 1-14 所示。取出端头，剥下保护胶皮，如图 1-15 所示。

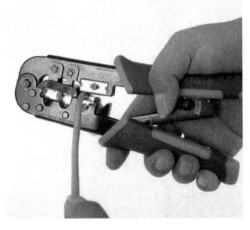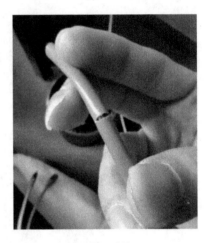

图 1-14 剥线(1)   图 1-15 剥线(2)

(3)理线。将双绞线的保护胶皮除去后，露出里面的 8 根线芯，将它们按照颜色分开。将线芯分成四组，每组两根。其中一组为橙色和橙白色，一组为蓝色和蓝白色，一组为绿色和绿白色，一组为棕色和棕白色，如图 1-16 所示。按照 T568B 标准(白橙 1、橙 2、白绿 3、蓝 4、白蓝 5、绿 6、白棕 7、棕 8)的序号排好，排列时注意尽量避免线路的缠绕和重叠，如图 1-17 所示。

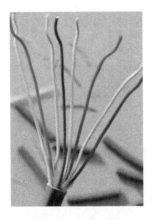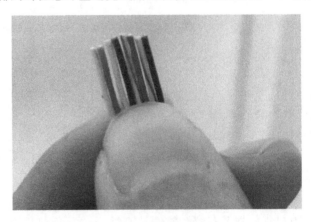

图 1-16 理线(1)   图 1-17 理线(2)

（4）剪线。使用压线钳剪线刀口将每组线芯剪齐成相同长度，大约 12mm，如图 1-18 所示，使它们能够插入 RJ-45 插座中而不会凸出插座。

（5）插线。捏紧 8 根导线，防止导线乱序，把 RJ-45 水晶头有塑料弹片的一侧朝下，把整理好的 8 根导线插入 RJ-45 水晶头（插至底部），注意"白橙"线要对 RJ-45 水晶头的 1 号引脚。确认 8 根导线均已插至 RJ-45 水晶头底部，再次检查线序无误后，将 RJ-45 水晶头从压线钳"无牙"一侧推入压线槽内，如图 1-19 所示。

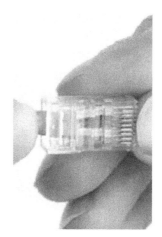

图 1-18 剪线　　　　　　图 1-19 插线

（6）压线。双手紧握压线钳的手柄，用力压紧，使 RJ-45 水晶头的 8 个针脚接触点穿过导线的绝缘外层，以确保每个线芯都固定在相应的引脚上，如图 1-20 所示。做好的 RJ-45 水晶头如图 1-21 所示。

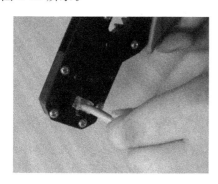
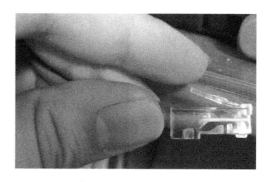

图 1-20 压线　　　　　　图 1-21 完成的 RJ-45 水晶头

重复以上步骤制作双绞线的另一端，即可完成。

1.2.5 测试双绞线

前面已经做好了一根双绞线，在实际使用它连接设备之前，需要先用网线测试仪进行连通性测试。

将直通双绞线两端的水晶头分别插入主测试仪和远程测试端的 RJ-45 端口，将开关推至"ON"挡（"S"为慢速挡），若主测试仪和远程测试端的指示灯从 1 至 8 依次绿色闪亮，说明网线制作成功。

若制作不成功,测试时会出现下述情况:

①当主测试仪和远程测试端的某个灯不亮,比如3号灯都不亮,则说明3号导线断路。

②若有几条导线断路,则相对应的几号灯都不亮;当导线少于两根线连通时,灯都不亮。

③当主测试仪和远程测试端的亮灯顺序不一致时,比如主测试仪端亮灯顺序是1—2—3—4—5—6—7—8,而远程测试端亮灯顺序是1—5—3—4—2—6—7—8,则说明2号、5号线乱序了。

④当有两根导线短路时,主测试仪的指示灯仍然按照从1到8的顺序逐个闪亮,而远程测试端两根短路线所对应的指示灯将被同时点亮,其他指示灯仍按照正常的顺序逐个闪亮。若有三根以上(含三根)短路,则所有短路的线的灯都不亮。

⑤如果出现红灯或黄灯,说明其中存在接触不良等现象,此时最好先用压线钳压制两端水晶头一次,再测。如果故障依旧存在,再检查一下两端芯线的排列顺序是否一样。如果芯线排列顺序不一样,就应剪掉一端,参考另一端芯线顺序重做一个水晶头。

1.2.6 双绞线应用

双绞线是一种常见的电信号传输介质,广泛用于计算机网络中,具体应用如下:

(1)以太网。双绞线被广泛用于以太网的物理层连接,实现计算机之间的数据传输。在以太网中,双绞线可以作为10Mbit/s、100Mbit/s、1000Mbit/s等多种速率的传输介质。不同速率的以太网使用的双绞线类型也有所不同。

(2)局域网。双绞线也广泛用于局域网的传输介质,例如10Base-T和100Base-TX等标准就采用了双绞线。双绞线可以连接交换机、路由器等网络设备,通过局域网内的数据传输实现不同计算机之间的交互。

(3)跨楼层布线。在企业和大型机构建立网络时,需要跨越楼层或者房间进行连接,这就需要采用双绞线进行跨楼层布线。双绞线可以通过交换机、路由器等网络设备连接不同楼层或房间,实现数据的传输。

(4)电话系统。双绞线也可以用于传统的电话系统中,如电话线路、电话交换机等。在电话系统中,双绞线作为电话信号的传输介质,连接电话用户和电话局。

(5)数字音视频传输。随着数字化技术的不断发展,数字音视频传输已经成为网络应用的重要组成部分。例如,HDMI使用的CAT.7双绞线,可以支持高清视频和多声道音频的传输。

双绞线具有可靠性高、成本低、易于安装和维护等特点,使得它成为网络传输的主要选择之一。同时,随着技术的不断进步,双绞线也在不断更新和改进,以适应更加复杂和高速的网络应用需求。

项目实训 制作网线

1.任务背景

某实验室新购入了若干台计算机,正准备搭建网络环境。需要完成的任务如下:第一,实现个人主机和教研室交换机的连接,需要制作一批直通线;第二,实现主机和主机的连接,需要制作少量的交叉线。

2. 需求分析

制作网线必备的工具和材料:

(1)工具:测线仪、剪刀和压线钳。

(2)材料:双绞线和水晶头。

3. 直通线制作:T568B 线序

截取 0.5m 左右的双绞线,制作跳线的一端。

(1)剥线。在 20～30mm 处,用压线钳剥除网线的胶皮护套。注意掌握压线钳的力度,不要伤及内部的双绞线。

(2)理线。解开每对线,花线在左,使导线互相平行,不能存在交叉现象,保持导线相互位置和扭绞长度不变。按照 T568B 线序标准,即白橙—橙、白绿—蓝、白蓝—绿、白棕—棕,平行排列整齐。

(3)剪线。排完线序后,固定导线进行剪裁,注意把端头截面裁剪整齐。

(4)插线。检查线序是否正确,水晶头弹片朝下,插入水晶头 8 个凹槽,观察导线前端是否抵在水晶头的顶端,护套也需要推进水晶头的下压部位。

(5)压线。将插好线的水晶头放入压线钳合适的位置,均匀用力,直到出现"咔"的声音,轻轻抽动网线,检查水晶头是否已卡住(图 1-21)。

(6)采用同样的方法制作跳线的另一端。

(7)测试。将网线两端插入测线仪。若 8 个指示灯一一闪现绿色,则表明网线能够连通。(注意指示灯闪现顺序是否与接线标准吻合。)

4. 交叉线制作

交叉线的一端为 T568A 线序,另一端为 T568B 线序。交叉线的制作过程与直通线的制作过程类似,区别在于网线两端用不同的线序。

T568A 线序:白绿—绿、白橙—蓝、白蓝—橙、白棕—棕。

T568B 线序:白橙—橙、白绿—蓝、白蓝—绿、白棕—棕。

交叉线制作完成后也应测试连通性。

5. 常见错误及注意事项

1)常见错误

①外层保护套剪得过多:减弱防止串扰的效果。

②水晶头没有压实:造成接触不良,可能会导致通信时断时续。

③剥网线外面的胶皮护套时割伤线芯:可能会导致短路、断路。

2)注意事项

①对线松开的长度不应该超过 13mm。

②插入卡槽的导线应该尽量捋直。

③插入的导线要尽可能抵到水晶头的顶端。

④压线时要用力、快速,并且要压实。

任务工作单 1-1 制作网线

1.任务目的 掌握网线的制作方法,掌握网线的连通性测试及分析方法
2.任务要求 (1)完成直通线的制作。 (2)完成交叉线的制作
3.讨论 家庭组建局域网时最好选取哪类网线？依据是什么？
4.网线制作过程与作品的图片展示
5.测试结果的图片展示

学习评价表 1-1 制作网线

评价日期： 成绩：

考核项目	考核要求	评分标准	分值	自评(40%)	师评(60%)	总评得分
能力目标	(1)能够制作直通线。 (2)能够制作交叉线。 (3)能够测试网线的连通性	（1）直通线能够连通。(30分) （2）交叉线能够连通。(30分) （3）线头裁剪合理，外观美观(10分)	70分			
素质目标	纪律表现	无迟到、早退或中途无故离开实训室等现象；尊重老师，团结同学(5分)	30分			
	爱护设备、保护机房环境	安全、正确地操作设备；保持座位周围整洁，不乱扔垃圾；离开实训室时将设备、配件和桌椅放回原位，且摆放整齐(5分)				
	沟通及表达	能够清晰、系统地描述任务目标、实施过程、注意事项及心得体会等(5分)				
	严谨认真、诚实守信、精益求精	在完成任务的过程中，严谨认真，诚实守信，不抄袭、不窃取他人成果；对任务精益求精，高质量地提交成果(10分)				
	总结与反思	思维活跃，积极互动，总结并反思问题与收获，正确评价(5分)				

项目 2 了解网络体系分层结构

◆ **项目描述**

随着对网络的进一步了解,你是不是对网络越来越感兴趣了呢? 但是你发现整个网络体系非常庞大,那么有没有一个清楚的对网络体系结构的描述呢? 计算机和计算机之间通信应该遵循什么样的规则? 计算机和计算机之间需要哪些设备来进行连接? 带着这些疑问,让我们开始本项目的学习。

◆ **学习目标**

知识目标:

(1)了解网络体系结构;

(2)了解网络通信协议;

(3)掌握 OSI 参考模型;

(4)掌握 TCP/IP 分层模型;

(5)掌握常见的网络通信设备。

技能目标:

(1)能说出 TCP/IP 体系结构各层对应的通信协议;

(2)能将通信设备对应到 TCP/IP 体系结构相关层次;

(3)学会安装并使用 eNSP 模拟器。

素养目标:

(1)具备动手解决实际问题的能力;

(2)培养团结协作的精神;

(3)提升自学探索的能力。

任务 2.1 认识计算机网络的体系结构

计算机网络的体系结构是指网络中各个组件和层次之间的关系和组织方式。常见的计算机网络体系结构是分层体系结构,其中最著名的是 OSI 参考模型和 TCP/IP 参考模型。不同的体系结构在层次划分和功能上有所不同,但都旨在提供一个统一的框架,以实现可靠、高效的数据传输和通信。

2.1.1 计算机网络体系结构设计的必要性

众所周知,计算机网络是个非常复杂的系统。例如,当连接在网络上的两台计算机需要进行通信时,由于计算机网络具有复杂性和异质性,需要考虑很多复杂的因素:

(1)两台计算机之间必须有一条传送数据的通路。

(2)告诉网络如何识别接收数据的计算机。

(3)发起通信的计算机必须保证要传送的数据能在这条通路上被正确发送和接收。

(4)对出现的各种差错和意外事故,如数据传送错误、网络中某个节点交换机故障等问题,应该有可靠、完善的措施保证对方计算机最终能正确收到数据。

计算机网络体系结构的制定正是为了解决这些问题,从而让两台计算机或网络设备之间能够像两个知心朋友那样互相准确地理解对方的意思并做出正确的回应。也就是说,要想完成网络通信,必须保证相互通信的两个计算机系统达成高度默契。然而,在网络通信领域,两台计算机或网络设备之间的通信并不像人与人之间的交流那样自然,计算机之间高度默契的通信背后需要十分复杂、完备的网络体系结构作为支撑。那么,用什么方法才能合理地组织网络的结构,以保证其具有结构清晰、设计与实现简化、便于更新和维护、较强的独立性和适应性,从而使网络设备之间具有这种高度默契呢?

答案是分而治之,更进一步地说就是分层思想。

2.1.2 计算机网络体系结构设计的基本思想

分而治之的思想正好可以解决上面提到的复杂问题。也就是说,可以将庞大而复杂的问题转化为若干较小的、容易处理的局部问题,然后在不同层次上予以解决。在计算机网络体系结构中,分层思想的内涵就是每层在依赖自己下层所提供的服务的基础上,通过自身内部功能实现一种特定的服务。

2.1.2.1 分层思想在日常生活中的应用

日常生活中有很多分层思想的应用,如邮政系统、银行系统等。下面以邮政系统的组织结构为例进行说明,如图 2-1 所示。从图中可以看出,用户和用户之间的通信依赖于下层的服务,但是并不需要关心快递、运输等细节,也就是说,寄信者只需将写好的信交给快递员,而收信者只需从快递员手中查收信件即可。类似地,快递员只需要从寄信者手中拿到信件并交给分拣员或将信件从分拣员手中拿走并交给收信者即可。显然,在这个邮政系统中,各个角色在功能上相互独立却又能协调合作达成一种高度默契,这在很大程度上得益于分层思想的应用。图 2-2 所示为邮政系统体系结构分层模型。

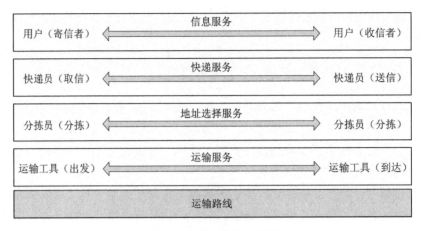

图 2-1　邮政系统组织结构

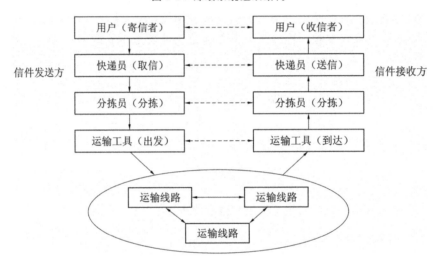

图 2-2　邮政系统体系结构分层模型

2.1.2.2　分层思想的优点

（1）耦合度低、独立性强。上层只需通过下层为上层提供的接口来使用下层所提供的服务，而不需要关心下层功能的具体实现过程。也就是说，下层对上层而言就是具有一定功能的黑箱。

（2）适应性强。只要每层为上层提供的服务和接口不变，每层的实现细节可以任意改变，便于后期维护和更新。

（3）易于实现和维护。把复杂的系统分解成若干涉及范围小且功能简单的子单元，从而使得系统结构清晰，实现、调试和维护都变得简单和容易。也就是说，这种方法使设计和开发人员能够专心设计和开发他们所关心的功能模块，也方便调试和维护人员去处理他们所负责的功能模块。

2.1.3　计算机网络体系结构分层的基本概念和基本原理

2.1.3.1　计算机网络体系结构分层的基本概念

(1)实体:任何可以发送和接收信息的软硬件进程。

(2)对等层:两个对端系统的同一层次。

(3)对等实体:分别位于不同端系统对等层的两个实体。

(4)接口:上层使用下层所提供的功能方式。

(5)服务:某一层及其以下各层所完成的功能,通过接口提供给相邻的上层。

(6)协议:通信双方在通信过程中必须遵循的规则和约定。

2.1.3.2　计算机网络体系结构分层模型

计算机网络体系结构可按照图 2-3 中的层次结构模型来组织,该模型具有以下特点:

①同一网络中,任意两个端系统必须具有相同的层次。

②每层使用其下层提供的服务,并向其上层提供服务。

③通信只在对等层间进行。这里所指的通信是间接的、逻辑的、虚拟的,非对等层之间不能互相通信。

④实际的物理通信只在底层通过传输介质完成。

⑤P_n 代表第 n 层的协议,即第 n 层对等实体间通信时必须遵循的规则或约定。

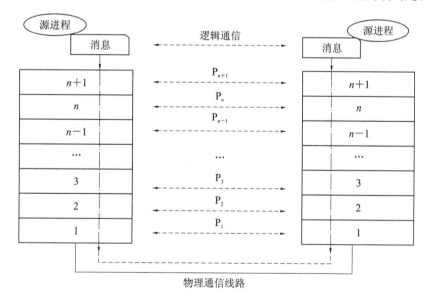

图 2-3　系统通用分层结构模型

1)对等层通信的实质

在逻辑上,网络分层体系结构允许不同主机的对等实体进行通信,但禁止不同主机非对等实体间进行直接通信;在物理上,每一层必须依靠下层提供的服务来与另一台主机的对等层通信,这是对等层通信的实质。也就是说,模型中的上层第 $n+1$ 层使用下层第 n 层所提供的服务,是下层第 n 层的服务消费者;而模型中的下层第 n 层向上层第 $n+1$ 层提供服务,是上层第 $n+1$ 层的服务生产者和提供者。

进一步地,源进程传送消息到目标进程的过程是:首先消息发送到源系统的最高层,紧接着消息从最高层开始自上而下逐层封装,最后该消息经物理通信线路传输到目标系统。而当目标系统收到信息后,会将该信息自下而上逐层处理并拆封,最后由最高层将消息提交给目标进程。这个处理过程与邮政系统通信流程类似,如图 2-4 所示。

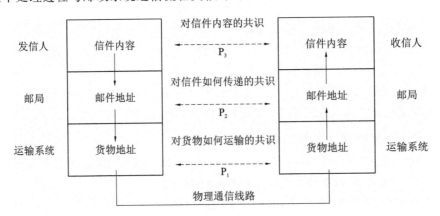

图 2-4 邮政系统通信流程

2)网络通信协议

如图 2-4 所示,发信人和收信人对信件内容的共识就是二者之间的协议,正是由于这种协议的存在,他们都能读懂信的内容并理解对方的意思,形成默契;类似地,寄件邮局与收件邮局也能对信件的传递达成共识,也就是说,有一套规则来保证邮局之间的默契,二者间的这种默契要么能把信件完好无损地送给收信人,要么能把信件完好无损地退给发信人;同样地,运输系统也能对信件如何运输达成共识,而正是由于这种共识,信件才能被送到指定邮局。也就是说,对等实体间的这种默契共识就是协议。

同样地,在计算机网络体系结构中,不同层需要完成不同的功能或者提供不同的服务。例如,计算机网络体系结构应该提供对应的差错控制,从而使对等层的通信更加可靠;除此之外,还应该提供流量控制以控制发送端的发送速率,以便接收端能同步接收消息;分段和重装机制也很必要,发送端在发送消息时应该将数据块分成很小的单位以便传输,而接收端能够准确地将这些数据块重新组合并还原数据的原貌;建立连接和释放连接机制是不同主机通信的保障等。上面列举的这些功能和服务实际上都是由计算机网络体系结构中具体的某一层及每层相应的通信协议来实现的。也就是说,计算机网络中所有的通信活动都是由协议控制的,也正是各种各样的协议保证了计算机间高度默契的通信。实际上,人类在相互交流过程中也遵守某种"协议",这种交流使用的协议就是语言。

(1)协议的概念。协议是网络通信实体之间在数据交换过程中需要遵循的规则或约定,是计算机网络有序运行的重要保证。协议的三要素包括语法、语义、时序。

①语法定义实体之间交换信息的格式与结构,指协议元素与数据的组合格式,也就是报文或分组格式,如图 2-5 所示。

HDLC	Flag	Address	Ctrl	Data	FCSS	Flag
BSC	SOH	HEAD	STX	TEXT	ETX	BCC

图 2-5 HDLC 和 BSC 报文结构

②语义定义实体之间交换的信息中需要发送或包含哪些控制信息,这些控制信息的具体含义,以及针对不同含义的控制信息,接收信息如何响应。语义是指对协议中各字段含义的解释。例如,在 HDLC 协议中,标志 Flag 值为 7EH 表示报文的开始和结束;在 BSC 协议中,SOH 值为 01H 表示报文的开始,STX 值为 02H 表示报文正文的开始,ETX 值为 03H 表示报文正文的结束。

③时序是指在通信过程中,通信双方操作的执行顺序与规则。

(2)协议三要素之间的关系。计算机间通信的本质就在于信息报文的交换,而信息报文也就是在下面提到的协议数据单元(protocol data unit,PDU)。实际上语法规定了 PDU 的格式;而在此基础上,语义赋予了 PDU 特定的内涵;时序通过控制这种具有特定语义的报文来实现计算机间的通信,也就是说,时序是通信规则的体现。

现在通过类比人类的对话来理解协议三要素之间的内在联系。假设这样一个场景,张三在和李四交谈,张三说:"李四,早上好。"这时李四莞尔一笑并答道:"早上好,张三。"对于这段会话,语法就是这些汉字和语句的组织规则,正是由于这种组织规则,这些简单汉字的叠加才有了一定的语义,而时序保证了你问我答的这种会话交流的进行,更进一步地,时序保证了通信各方对 PDU 语义的理解并做出恰当的回应。

总的来说,语法是语义的载体,而时序又是对语义的有序组织。正是基于这种关系,计算机通信时才得以保持高度默契。

实际上,在计算机网络体系结构中,每层都可能会有若干协议,但一个协议只隶属于一个层次。在实现方式上,协议可以由软件或硬件来实现,例如网络通信协议软件、网络驱动程序、网络硬件等。常用协议组 TCP/IP 协议集在 Windows、Unix 和 Linux 中实现,NetBEUI 协议在 Windows 中实现,IPX/SPX 协议在 NetWare、Windows 中实现。

(3)协议数据单元。计算机网络体系结构中,对等层之间交换的信息报文统称协议数据单元。PDU 由协议控制信息(协议头)和服务数据单元(service data unit,SDU)组成,如图 2-6 所示。

协议控制信息	服务数据单元 (SDU)

图 2-6　PDU 组成结构

其中,协议头部中含有完成数据传输所需的控制信息,如地址、序号、长度、分段标志、差错控制信息等。传输层及以下各层的 PDU 均有各自特定的名称。

①传输层封装的数据称为报文段(segment)。

②网络层封装的数据称为分组或包(packet)。

③数据链路层封装的数据称为帧(frame)。

④物理层把数据称为比特流(bit)。

(4)PDU 的封装。在计算机网络体系结构中,下层把上层的 PDU 作为本层的数据加以封装,然后加入本层的头部和尾部形成本层的 PDU,如图 2-7 所示。在这里封装就是在数据前面加上特定的协议头部。因此,数据在源站自上而下递交的过程实际上就是不断封装的过程,而到达目的地后自下而上递交的过程就是不断拆封的过程。这个过程类似发送信件的过程。数据在传输时,其外面实际上要被包封多层"信封"。在目的站点,某一层只能识别由源站对等层封装的"信封",而对于被封装在"信封"内部的"数据"仅仅是拆封后将其提交给上层,本层不作任何处理。特别需要注意的是,每一层只处理本层的协议头部。

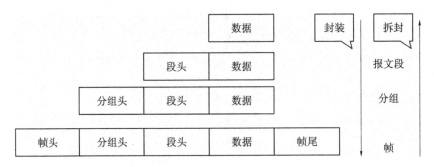

图 2-7　数据传输封装和拆封过程

2.1.4　计算机网络体系结构的定义和标准

2.1.4.1　计算机网络体系结构的定义

计算机网络体系结构的设计采用的是分层思想,就必须解决以下几个问题:

(1)网络体系结构应该具有哪些层次? 每个层次又负责哪些功能呢?(即分层与功能)

(2)各个层次之间的关系是怎样的? 它们又是如何进行交互的呢?(即服务与接口)

(3)要想确保通信的双方能够达成高度默契,它们又需要遵循哪些规则呢?(即协议)

根据上面的几个问题,计算机网络体系结构必须包括三项内容:分层结构与每层的功能、服务与层间接口,以及协议。所以计算机网络体系结构的定义为计算机网络中各层、层间接口及协议的集合。也可以换种说法,计算机网络体系结构就是计算机网络及其构件所应完成功能的精确定义。总之,体系结构是抽象的,而实现则是具体的,是真正在运行的计算机硬件和软件。

2.1.4.2　计算机网络体系结构的标准

最早的计算机网络体系结构标准源于 IBM 公司在 1974 年宣布的系统网络体系结构,这个著名的网络结构就是一种层次化的网络体系结构。不久后,其他一些公司也相继推出自己的网络体系结构。不同的网络体系结构出现后,采用不同的网络体系结构的产品之间很难互相通信,由于缺少统一标准而给网络组建带来弊端。全球经济的发展使得处在不同网络体系结构的用户迫切需要能够互相交换信息,为此国际标准化组织成立了专门的机构研究该问题,并于 1977 年提出一个试图使各种计算机在世界范围内互联成网的标准框架,即开放系统互连参考模型(OSI)。OSI 模型是采用七层网络体系结构的模型,具有概念清楚、层次分明、理论完整的特点,但 OSI 标准的制定者以专家、学者为主,他们缺乏实际经验和商业驱动力,研究设计体系结构周期过长,并且 OSI 标准自身运行效率欠佳,因此它只是一个理论上的国际标准,而不是事实上的国际标准。

与此同时,由于 Internet 在全世界的覆盖范围已经相当大,实际应用的技术和标准已经成形,使得占领市场的具有简单易用特点的 TCP/IP 四层体系结构模型成为事实上的标准。OSI 标准没有市场背景,只是理论上的成果,并没有过多地应用于实践。这里要提醒读者,我们在教学中结合 OSI 七层和 TCP/IP 四层体系结构模型,把 TCP/IP 模型的网络接口层分解为数据链路层和物理层,把 OSI 七层体系结构模型的应用层、表示层和会话层简化成应用层,使用五层体系结构模型来进行教学和研究。三者结构对比如图2-8所示。

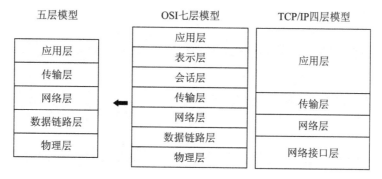

图 2-8　网络体系结构分层模型对比图

2.1.5　OSI 七层参考模型

在 OSI 七层参考模型的网络体系结构中,由低层至高层分别称为物理层、数据链路层、网络层、传输层、会话层、表示层和应用层。OSI 七层网络体系结构参考模型示意图如图 2-9 所示。

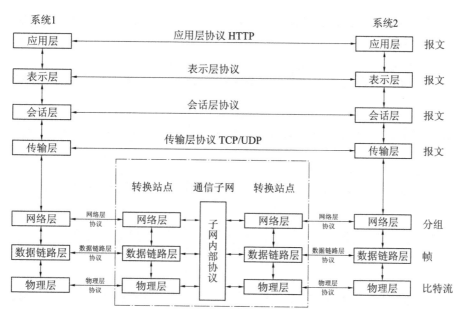

图 2-9　OSI 七层网络体系结构参考模型示意图

在 OSI 七层参考模型的网络体系结构中,各层次要解决的问题及功能简述如下:

2.1.5.1　物理层(physical layer)

在 OSI 参考模型中,物理层是参考模型的最低层,也是 OSI 模型的第一层。

(1)任务。在物理介质上正确地、透明地传送比特流,就是由 1 和 0 转化为电流强弱来进行传输,到达目的地后再转化为 1 和 0,也就是我们常说的数模转换与模数转换。"透明传送比特流"的意思是经实际电路传送后的比特流没有发生变化,对传送的比特流来说,这个电路好像是看不见的。

（2）协议。规定了物理接口的各种特性和物理设备的标准,如网线的接口类型、光纤的接口类型、各种传输介质的传输速率等。

（3）功能。实现相邻计算机节点之间比特流的透明传送,并尽可能地屏蔽掉具体传输介质和物理设备,使数据链路层不必关心网络的具体传输介质。

图 2-10 给出了 OSI 七层网络体系结构参考模型的 PDU 数据封装示意图,数据从发送进程产生,经过各层,按照各层协议的规定格式对数据进行封装,加上首部,首部和数据结合成为本层的协议数据单元 PDU。数据到达接收端,经过对等层进行相应的解封装。

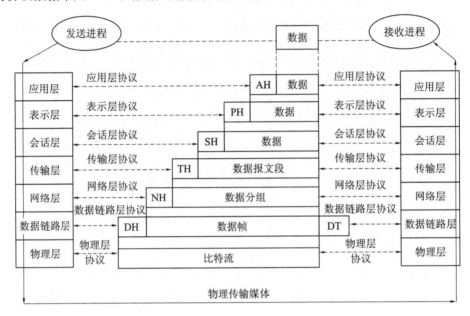

图 2-10　PDU 数据封装示意图

2.1.5.2　数据链路层(data link layer)

数据链路层是 OSI 模型的第二层,负责建立和管理节点间的链路,控制网络层与物理层之间的通信。它完成了数据在不可靠物理线路上的可靠传递。在计算机网络中,由于各种干扰,物理链路是不可靠的。为了保证数据的可靠传输,从网络层接收到的数据被分割成特定的可被物理层传输的数据帧。数据帧是用来传输数据的结构包,它不仅包括原始数据,还包括发送方和接收方的物理地址、纠错和控制信息。其中的物理地址确定了数据帧将发送到何处,而纠错和控制信息则确保数据帧无差错地传递。换句话说,数据链路层在物理层提供的比特流的基础上,通过差错控制、流量控制,使有差错的物理线路变为无差错的数据链路,即提供可靠的通过物理介质传输数据。

（1）任务。通过各种数据链路层控制协议,实现数据在不可靠的物理线路上的可靠传递。

（2）协议。负责提供物理地址寻址、数据的成帧、流量控制、差错控制等功能,确保数据的可靠传输。

（3）功能与服务。接收来自物理层的位流形式的数据,并封装成帧,传送到上一层;同样,将来自上层的数据帧,拆装为位流形式的数据转发到物理层。此外,该层还负责提供物理地址寻址、数据的成帧、流量控制、差错控制等功能。差错控制是指处理接收端发回的确认帧的信息,以便提供可靠的数据传输;流量控制是指降低发送方的传输速率,使接收方来得及接收。

2.1.5.3　网络层(network layer)

网络层是 OSI 模型的第三层,它是 OSI 参考模型中最复杂的一层,也是通信子网的最高一层,它在下两层的基础上向资源子网提供服务。网络层的主要任务是将网络地址翻译成对应的物理地址,并通过路由选择算法为分组通过通信子网选择最适当的路径。特别地,网络层将通过综合考虑发送优先权、网络拥塞程度、服务质量及可选路由的花费来决定从一个网络中节点 A 到另一个网络中节点 B 的最佳路径。

网络层是可选的,它在以下两种情况发挥作用:当两个计算机系统处于由路由器分割开的不同网段时,或者当通信应用要求网络层或传输层提供某种服务、特性或能力时。对于两台主机处于同一个网段的直接相连这种情况,它们之间的通信只使用局域网的通信机制即可,即 OSI 参考模型的物理层和数据链路层功能。

(1)任务。将网络地址翻译成对应的物理地址,并通过路由选择算法为分组通过通信子网选择最适当的路径。

(2)协议。提供无连接数据报服务的 IP 协议。

(3)产品。通过路由器或三层交换机实现网络层功能。

(4)路由选择。网络层最重要的一个功能是路由选择。网络层会依据传输速率、距离、跳数、链路代价和拥塞程度等因素在多条通信路径中找一条最佳路径。路由一般包括路由表和路由算法两个方面。事实上,每个路由器都必须建立和维护其路由表,一种是静态维护,也就是人工设置,只适用于小型网络;另一种是动态维护,是在运行过程中根据网络情况自动地动态维护路由表。

(5)与数据链路层的差异。

①任务。数据链路层解决同一网络内节点之间的通信问题,而网络层主要解决不同子网间的通信问题,如广域网间的通信。

②寻址。数据链路层中使用的物理地址仅解决网络内部的寻址问题。在不同子网之间通信时,为了识别和找到网络中的设备,每一子网中的设备都会被分配唯一的地址,即网络接口卡的硬件地址。由于各子网使用的物理技术可能不同,因此,这个地址应当是逻辑地址,即 IP 地址。

③路由算法。当源节点和目的节点之间存在多条路径时,网络层可以根据路由算法,通过网络为数据分组选择最佳路径,并将信息从最合适的路径由发送端传送到接收端。

④连接服务。网络层控制的是网络相邻节点间的流量,数据链路层控制的是从源节点到目的节点的流量。其目的在于防止阻塞,并进行差错检测。

2.1.5.4　传输层(transport layer)

OSI 模型下三层(物理层、数据链路层和网络层)的主要任务是数据通信,上三层(会话层、表示层和应用层)的任务是数据处理,而传输层恰好是 OSI 模型的第四层,是通信子网和资源子网的接口和桥梁,起到承上启下的作用。该层的主要任务是向用户提供可靠的端到端的差错控制和流量控制,保证报文的正确传输。传输层的作用是向高层屏蔽下层数据通信的细节,即向用户透明地传送报文。

传输层在传输协议的同时进行流量控制,即基于接收方接收数据的速率确定适当的发送速率。除此之外,传输层按照网络层能处理的最大单元尺寸将较大的报文段进行强制分割。

例如,以太网无法接收大于 1500 字节的数据包,发送方节点的传输层将数据分割成较小的数据片,同时对每一个数据片分配一个序列号,以便数据到达接收方节点的传输层时,能以正确的顺序重组,这个过程也称排序。

(1)任务。在源端与目的端之间提供可靠的透明数据传输,使上层服务用户不必关心通信子网的实现细节。

(2)协议。协议包括 TCP/IP 中的 TCP、UDP 协议,Novell 网络中的 SPX 协议和微软的 NetBIOS/NetBEUI 协议。其中,TCP(传输控制协议)具有传输效率低、可靠性强等特点,用于传输可靠性要求高、数据量大的数据;UDP(用户数据报协议)用于传输可靠性要求不高、数据量小的数据,如 QQ 聊天数据就是通过这种方式进行传输。

(3)功能与服务。传输层提供会话层和网络层之间的传输服务,即从会话层获得数据,并在必要时对数据进行分割,然后将数据传递到网络层,并确保数据能正确无误地传送。因此,传输层负责保证两节点之间数据的可靠传送,当两节点的联系确定之后,传输层负责监督工作。综上,传输层的主要功能如下:

①传输连接管理。提供建立、维护和拆除传输连接的功能,传输层在网络层的基础上为高层提供"面向连接"和"面向无连接"两种服务。

②处理传输差错。提供可靠的"面向连接"和不太可靠的"面向无连接"的数据传输服务、差错控制和流量控制。在提供"面向连接"服务时,通过这一层传输的数据将由目标设备确认,如果在指定的时间内未收到确认信息,数据将被重发。

(4)特点。传输层以上各层面向应用,传输层及以下各层面向传输;实现源主机到目的主机"端到端"的连接。

(5)与网络层的区别。在协议栈中,传输层位于网络层之上,传输层协议为不同主机上运行的进程提供逻辑通信,而网络层协议为不同主机提供逻辑通信。这个区别很微妙,但是非常重要。下面的例子很好地说明了二者之间的区别。

设想有两所房子,一所位于北京,一所位于上海,每所房子里都住着 10 个小孩。北京房子里的小孩和上海房子里的小孩是堂兄弟姐妹。两所房子里的孩子喜欢互相通信。每个孩子每周都给每一个堂兄妹写一封信,每一封信都由老式的邮局分别用信封来寄,这样每所房子每周就都有 100 封信要送到另一家。其中,在每所房子都由一个孩子——北京房子里的张三或上海房子里的李四负责邮件的收集或分发。所以,每周张三都从她的兄弟姐妹那里收集信件,并将这些信件送到每天都来的邮递员那里;当信件到达北京的房子时,张三又将这些信件分发给她的堂兄弟姐妹。上海的李四做着与张三同样的工作。

在这个例子中,邮递服务提供着两所房子之间的逻辑通信,也就是说,邮递服务是针对两所房子的服务,而不是针对个人的服务。张三和李四提供堂兄弟姐妹之间的逻辑通信,也就是说,张三和李四从他们的堂兄弟姐妹那里收集邮件并将邮件递送给他们。从这些堂兄弟姐妹的角度看,张三和李四就是邮件的服务人,尽管他们只是端到端寄送服务的一部分。在这个例子中,与计算机网络体系结构分层的对应关系为:

①主机或终端系统相当于房子。

②进程相当于堂兄弟姐妹。

③应用程序发送的消息相当于信封里的信。

④网络层协议相当于邮递服务,包括邮递员。

⑤传输层协议相当于张三和李四,负责两端收集和分发。

实际上,网络层为传输层提供服务。但对于终端系统而言,网络层是透明的,它们只知道传输层的存在,也就是说,在逻辑上它们认为是传输层为它们提供了端对端的通信,这也是分层思想的妙处。

2.1.5.5　会话层(session layer)

会话层是OSI模型的第五层,是用户应用程序和网络之间的接口,负责在网络的两节点间建立、维持和终止通信。会话层的功能包括建立通信连接,保持会话过程通信连接的畅通,维持两个节点之间的对话,决定通信是否被中断及通信中断时决定从何处重新发送。

2.1.5.6　表示层(presentation layer)

表示层是OSI模型的第六层,它对来自应用层的命令和数据进行解释,以确保一个系统的应用层所发送的信息可以被另一个系统的应用层读取。例如,PC程序与另一台计算机进行通信,其中一台计算机使用扩展二进制到十进制交换码表示字符,而另一台则使用美国信息交换标准码表示相同的字符。这时表示层会实现多种数据格式之间的转换。也就是说,表示层的主要功能是处理用户信息表示问题,如编码、数据格式转换和加密解密等。表示层的具体功能如下:

(1)数据格式处理。协商和建立数据交换的格式,减小各应用程序之间在数据格式表示上的差异。

(2)数据的编码。处理字符集和数字的转换。例如,由于用户程序中的数据类型(整型或实型、有符号或无符号等)、用户标识等都可以有不同的表示方式,因此在设备之间需要具有在不同字符集或格式之间转换的功能。

(3)数据的压缩和恢复。为了减少数据的传输量,表示层还负责数据的压缩与恢复。

(4)数据的加密和解密。可以提高网络的安全性。

2.1.5.7　应用层(application layer)

应用层是OSI模型的最高层,它是计算机用户及各种应用程序和网络之间的接口。其功能是直接向用户提供服务并完成用户希望在网络上完成的各种工作。应用层在其他六层工作的基础上,负责完成网络中应用程序与网络操作系统之间的联系,建立与结束使用者之间的联系,并完成网络用户要求的各种网络服务及应用所需的监督、管理和服务等协议。此外,应用层还负责协调各个应用程序间的工作。

应用层为用户提供的服务和协议有文件服务、目录服务、文件传输(FTP)服务、远程登录(Telnet)服务、电子邮件(E-mail)服务、打印服务、安全服务、网络管理服务、数据库服务、域名服务等。上述各种网络服务由该层的不同应用协议和程序完成,不同的网络操作系统之间在功能、界面、实现技术、对硬件的支持、安全可靠性及具有的各种应用程序接口等方面的差异是很大的。

(1)任务。为用户的应用进程提供网络通信服务。

(2)服务。该层具有的各种应用程序可以实现用户请求的各种服务。

(3)功能。提供用户应用程序与网络间的接口,使用户的应用程序能够与网络进行交互式联系。

2.1.6 TCP/IP 体系结构

TCP/IP 是 Internet 上的标准通信协议族,该协议族由数十个具有层次结构的协议组成,其中 TCP 和 IP 是该协议族中两个最重要的核心协议。TCP/IP 协议族按层次可分为应用层、传输层、网络层和网络接口层,各层对应的 PDU 名称如图 2-11 所示。

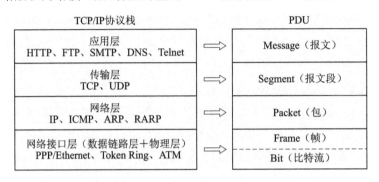

图 2-11 TCP/IP 各层协议和 PDU 名称

特别地,由于 TCP/IP 四层模型与 OSI 七层模型在整体上相似,差别主要在分层的粒度上,因此,我们在此对 TCP/IP 四层模型进行简述。

2.1.6.1 应用层

应用层决定了向用户提供何种应用服务,由具体应用层协议来实现。TCP/IP 协议族内应用层协议预存了各类通用的应用服务。例如,FTP 文件传输协议实现文件传输,DNS 协议实现域名解析,HTTP 协议实现 Web 服务。

2.1.6.2 传输层

传输层对其上层应用层提供处于网络连接中的两台计算机之间数据传输可靠性保证。在传输层有两个性质不同的协议:TCP 和 UDP。其中,TCP 是面向连接的传输协议,其在数据传输之前会建立连接,并把报文分解为多个段进行传输,在目的站再重新装配这些段,必要时重新传输没有收到或传输错误的段,因此它是"可靠"的。UDP 是无连接的传输协议,其在数据传输之前不建立连接,并且对发送的段不进行校验和确认,因此它是"不可靠"的。应用层与传输层之间的关系如图 2-12 所示,应用层和传输层通过端口进行数据传输的复用和分用。

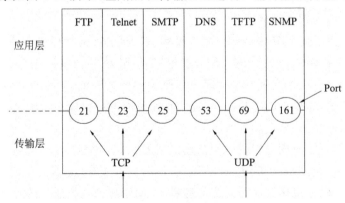

图 2-12 应用层和传输层之间的关系

2.1.6.3　网络层

网络层用来处理在网络上流动的数据包,其中数据包是网络传输的最小数据单位。网络层通过不同路由策略选择最好的传输路径把数据包由发送端传输到接收端。其所起的作用就是在众多的传输路径中选择一条最佳传输路径。也就是说,网络层的主要功能是把数据包通过最佳路径送到目的端,其中网络层的核心协议 IP 提供了无连接的数据包传输服务。

2.1.6.4　网络接口层

网络接口层用来处理连接网络的硬件部分,包括硬件的设备驱动、网络接口卡(network interface card,NIC)及光纤等物理可见部分,还包括连接器等一切传输媒介。也就是说,硬件上的范畴均在网络接口层的作用范围之内。

任务 2.2　认识常见网络通信设备

网络通信设备实现数据的传输、连接和通信功能。它们能够将数据包从一个网络转发到另一个网络,实现网络之间的连接和通信;同时,它们还可以根据 MAC 地址将数据包从源端口转发到目标端口,实现局域网内的数据传输。它们可以为用户提供高效、可靠的网络服务。常见通信设备包括网络接口卡、集线器、交换机、路由器、防火墙等。

2.2.1　网络接口卡

网络接口卡简称网卡,是组成计算机网络重要的物理连接设备之一,也是计算机中发送和接收数据的重要设备之一。网卡的性能对网络信息传输质量有重大影响。

2.2.1.1　网卡的概念及任务

网卡是工作在物理层的网络组件,是一种计算机硬件设备,它被安装在计算机主板的扩展槽中,用于将计算机连接到局域网或互联网。网卡被视为计算机和网络之间的桥梁,它负责将计算机中的数字信号通过物理介质转换成可以在网络上传输的模拟信号。

网卡在网络数据传输过程中扮演着重要的角色,它主要完成以下任务:

(1)数据格式转换。计算机中的数字信号无法直接在网络上传输,需要通过网卡将其转换成可以在网络上传输的模拟信号。网卡负责将数字信号转换为符合标准的物理层信号,并将其发送到网络上。

(2)数据交换。当发送方的计算机需要向其他计算机发送数据时,数据会被送入网卡,然后由网卡将数据转换成适合网络传输的格式。同时,网卡还能够从网络上接收数据,并将其转发给计算机进行处理。

(3)协议支持。网卡支持多种不同类型的协议,使计算机能够与不同类型的网络进行通信。例如,以太网协议、TCP/IP 协议等都是常见的网络协议,网卡需要支持这些协议以实现与网络的连接和通信。

(4)数据校验。网卡能够对数据的完整性和正确性进行检查,防止数据在传输过程中受到干扰或丢失。例如,在以太网中,网卡会使用 CRC 校验码来验证数据的准确性。

(5)地址识别。在网络中,每个设备都有唯一的物理地址,称为 MAC 地址。网卡可以识别和存储 MAC 地址,并通过 MAC 地址实现数据传输。当计算机需要向其他计算机发送数据时,它会将数据包发送到目标设备的 MAC 地址。网卡会在数据包中添加源 MAC 地址和目标 MAC 地址的信息,然后将其发送到网络上。同时,在接收数据包时,网卡还可以检查数据包中的目标 MAC 地址,并决定是否接收该数据包。

2.2.1.2 网卡的类型

(1)按照网卡的连接对象,可将网卡分为服务器专用网卡、PC 网卡、笔记本计算机专用网卡和无线局域网网卡 4 种。

(2)按照网卡接口,可将网卡分为 RJ-45 接口网卡、BNC 接口网卡、AUI 接口网卡、FDDI 接口网卡和 ATM 接口网卡等。

(3)按照网卡支持的传输速率不同,可将网卡分为 10Mbit/s 网卡、100Mbit/s 网卡、10/100Mbit/s 自适应网卡、1000Mbit/s 网卡和 100/1000Mbit/s 自适应网卡等。

(4)按照网卡与计算机主板连接的总线接口,可将网卡分为 ISA 接口网卡、PCI 接口网卡、USB 接口网卡、PCI-X 接口网卡,以及专门用于微型计算机的 PCMCIA 网卡。

2.2.1.3 网卡的选择

选择网卡时,应考虑以下标准:

(1)传输速率。根据需要的网络带宽需求选择合适的传输速率。

(2)接口类型。根据计算机主板的接口类型和数量选择相应的网卡。

(3)连接对象。根据实际情况选择有线网卡或无线网卡。

(4)品牌和质量。选择知名品牌,确定质量可靠,以确保稳定性和耐用性。

(5)兼容性。注意网卡与操作系统和其他硬件的兼容性。

(6)功能特点。如支持虚拟化、多队列、远程管理等功能,可以根据需求选择相应的网卡。

(7)价格。根据预算和性价比选择合适的网卡。

2.2.2 集线器

2.2.2.1 集线器的概念

集线器是计算机网络中常用的网络设备之一,用于将多个计算机或网络设备连接在一起,以便它们能够相互通信和共享资源。集线器是一种传输层设备,通常用于构建局域网。

集线器可以将多个网络设备的信号集中到一个中心点,并将这些信号进行放大和重新发送,以确保信号能够在网络传输中到达目的地。它的工作原理是将接收到的信号广播到所有连接的设备上,这样所有设备都能够收到相同的信号。

集线器通常具有多个端口,每个端口可以连接一个网络设备,如计算机、打印机、交换机等。当其中一个设备发送数据时,集线器会将数据广播到所有其他端口上,使得所有设备都能够接收到数据。这种广播方式虽然简单,但会导致网络拥堵和冲突,因为所有设备都会收到所有的数据包。

集线器的工作方式使它只能支持半双工通信,即同一时间只能有一个设备发送或接收数据。这意味着当多个设备同时尝试发送数据时,会发生冲突,导致数据传输效率低下。随着技术的发展,集线器逐渐被交换机取代。交换机具有更快的传输速度和更好的网络性能,能够根据设备的 MAC 地址进行数据转发,避免了收发数据的冲突和数据帧的广播。因此,集线器在现代网络中的使用已经较少,主要用于一些特定的场景或旧有网络的维护。

2.2.2.2 集线器的分类

根据集线器支持的传输速率和提供的端口数量,可以将集线器分为以下几类:

(1)10Mbit/s 集线器。这种集线器支持最高传输速率为 10Mbit/s(即以太网标准传输速率)。它通常提供 8 个或 16 个端口,用于连接多台计算机或其他网络设备。

(2)100Mbit/s 集线器。这种集线器支持最高传输速率为 100Mbit/s(即快速以太网传输速率)。它通常提供 8 个、16 个或 24 个端口,用于连接多台计算机或其他网络设备。

(3)千兆集线器。这种集线器支持最高传输速率为 1Gbit/s(即千兆以太网传输速率)。它通常提供 8 个、16 个、24 个或更多的端口,用于连接大量计算机或其他高速网络设备。

(4)可堆叠集线器。这种集线器支持将多个集线器堆叠在一起,以扩展网络的规模和容量。它通常具有高速的背板连接,可以实现集线器之间的快速数据传输。

2.2.3 交换机

交换机是一种用于电信号转发的网络设备,它可以接入交换机的任意两个网络节点,提供独享的信号通路。最常见的交换机是以太网交换机,其他还有电话语音交换机和光纤交换机等。

2.2.3.1 交换机的基本概念

交换机是一种基于 MAC 地址识别,能够完成封装、转发数据包功能的网络设备。交换机工作在 OSI 参考模型的数据链路层,是集线器的升级换代产品,它与集线器在外形上非常相似(图 2-13),但它在传输数据时采用的方式与集线器有本质的不同。交换机的出现弥补了传统以太网的缺点,其以更优越的性能在局域网中得到广泛应用。

交换机的工作原理和 MAC 地址表是分不开的,MAC 地址表里存放了网卡的 MAC 地址与交换机相应端口的对应关系,当连接到交换机的一个网卡向另外一个网卡发出数据到达交换机的信息后,交换机会在 MAC 地址表中查找目的 MAC 地址与端口的对应关系,从而将数据从对应的端口转发出去,而不是像集线器一样把所有数据广播到局域网。

图 2-13　交换机

2.2.3.2 交换机的基本功能

以太网交换机工作在 OSI 模型的第二层,它将网络分割成多个冲突域,二层交换有 3 个主要功能,即地址学习、转发/过滤数据帧、消除回路。

(1)地址学习。交换机的目标是分割网上通信量,使前往给定冲突域中主机的数据帧不至于传播到另一个网段,这是由交换机的"地址学习"功能完成的。下面简述交换机的地址学习和转发过程。

①当交换机首次送电初始化启动时,其 MAC 地址表是空的。

②当交换机的 MAC 地址表为空时,交换机将该帧转发给初始接收端口以外的所有端口。转发一个帧到所有连接端口称为"泛洪"该帧。

③数据泛洪时,将交换机源主机的 MAC 地址及与之相连的端口号填写到 MAC 地址表中。该记录被保存,如果记录在一定时间内没有新的帧传到交换机来刷新,该记录将被删除。

(2)转发/过滤数据帧。当交换机接收到一个数据帧时,如果数据帧的目的 MAC 地址是广播地址或者组播地址,则向交换机所有端口转发(除数据帧来的端口)。如果数据帧的目的地址是单播地址,但是这个地址并不在交换机的地址表中,那么也会向所有的端口转发(除数据帧来的端口)。当经查询交换机 MAC 地址表找到其目的地址时,它只被转发到连接该主机而不是所有主机的端口。如果数据帧的目的地址与数据帧的源地址在一个网段上,它就会丢弃这个数据帧,交换也就不会发生。

前面已经简要介绍过数据帧的转发/过滤过程,为了加强理解,下面来详细介绍具体的数据帧转发/过滤过程(图 2-14)。

①当主机 D 发送广播帧时,交换机从 E3 端口接收到目的地址为 FFFF.FFFF.FFFF 的数据帧,则向 E0、E1、E2 和 E4 端口转发该数据帧。

②当主机 D 与主机 E 通信时,交换机从 E3 端口接收到目的地址为 0260.8c01.5555 的数据帧,查找地址表后发现 0260.8c01.5555 并不在表中,因此交换机仍然向 E0、E1、E2 和 E4 端口转发该数据帧。

③当主机 D 与主机 F 通信时,交换机从 E3 端口接收到目的地址为 0260.8c01.6666 的数据帧,查找地址表后发现 0260.8c01.6666 也位于 E3 端口,即与源地址处于同一个网段,所以交换机不会转发该数据帧,而是直接丢弃。

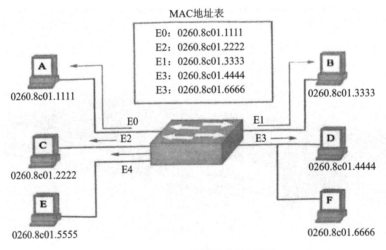

图 2-14　数据帧转发/过滤过程

④当主机 D 与主机 A 通信时,交换机从 E3 端口接收到目的地址为 0260.8c01.1111 的数据帧,查找地址表后发现 0260.8c01.1111 位于 E0 端口,所以交换机将数据帧转发至 E0 端口,这样主机 A 即可收到该数据帧。

⑤如果在主机 D 与主机 A 通信的同时,主机 B 也正在向主机 C 发送数据,交换机同样会把主机 B 发送的数据帧转发到连接主机 C 的 E2 端口。这时 E1 和 E2 之间,以及 E3 和 E0 之间,通过交换机内部的硬件交换电路,建立了两条链路,这两条链路上的数据通信互不影响,因此网络亦不会产生冲突。所以,主机 D 和主机 A 之间的通信独享一条链路,主机 C 和主机 B 之间也独享一条链路。而这样的链路仅在通信双方有需求时才会建立,一旦数据传输完毕,相应的链路也随之拆除。这就是交换机的主要特点。

从以上操作过程中可以看到,数据帧的转发都是基于交换机内的 MAC 地址表。

广播和组播是特殊情况。交换机通常将广播和组播帧泛洪给除了发起端口外的所有端口。交换机永远学习不到广播或组播地址,因为广播和组播地址不出现在帧的源地址中,接收广播帧的所有主机意味着它们所在交换网络的网段是在同一个广播域。

(3)消除回路。桥接网络,包括交换网络,通常设计有冗余链路和设备。这样设计可以避免由于一点故障导致整个交换网络功能丧失。交换机采用生成树协议来解决这一问题。

2.2.3.3 交换机转发数据帧的模式

目前,交换机在传送源和目的端口的数据帧时通常采用直通式、存储转发和碎片隔离 3 种数据帧交换方式,且存储转发是交换机的主流交换方式。

(1)直通式(cut through)。直通方式的以太网交换机可以理解为在各端口间纵横交叉的线路矩阵电话交换机。它在输入端口检测到一个数据帧时,检查该帧的帧头,获取帧的目的地址,启动内部的动态查找表转换成相应的输出端口,在输入与输出交叉处接通,把数据帧直通到相应的端口,实现交换功能。优点:由于不需要存储,因而延迟非常小,交换非常快。它的缺点:因为数据帧内容并没有被以太网交换机保存下来,所以无法检查所传送的数据帧是否有误,不能提供错误检测能力;由于没有缓存,不能将具有不同传输速率的输入/输出端口直接接通,而且容易丢帧。

(2)存储转发(store and forward)。存储转发是计算机网络应用最广泛的方式。它检查输入端口的数据帧,在对错误帧进行处理后才取出数据帧的目的地址,通过查找表转换成输出端口送出帧。正因如此,存储转发方式在数据处理时延迟大,这是它的不足,但是它可以对进入交换机的数据帧进行错误检测,有效地改善网络性能。尤其重要的是,它可以支持不同传输速率的端口间的转换,保持高速端口与低速端口间的协同工作。

(3)碎片隔离(fragment free)。该方式在转发数据帧之前会过滤掉冲突帧,这些数据帧主要是错误的数据帧。一般网络中,冲突帧必须小于 64B,因为任何大于 64B 的数据帧都会被认为是无误的。该模式在转发前要等待,直至确定接收到的数据帧大于 64B 后才会转发,因此该方式的工作速率不如直通式快,但比直通式发生的错误数据帧少,同时又比存储转发方式快。

2.2.3.4 交换机的分类

交换机的分类标准多种多样,常见的有以下几种:

(1)根据网络覆盖范围划分,可分为广域网交换机和局域网交换机。

(2)根据传输媒介和传输速率划分,可分为以太网交换机、快速以太网交换机、千兆以太网交换机、ATM 交换机、FDDI 交换机和令牌环交换机等。

(3)根据交换机应用网络层次划分,可分为企业级交换机、校园网交换机、部门级交换机、工作组交换机和桌面型交换机。

（4）根据工作协议层划分,可分为二层交换机、三层交换机和非网管型交换机。

（5）根据网络构成方式划分,可分为接入层交换机、汇聚层交换机和核心层交换机。

2.2.4　路由器

2.2.4.1　路由器概述

路由器(router)是一种多端口设备,它可以实现不同的传输速率并运行于各种环境的局域网和广域网中,也可以采用不同的协议,工作在网络层。在互联网中路由器起着重要作用,是互联网中连接各局域网、广域网的主要设备,网络之间的通信通过路由器完成,路由器会根据信道的情况自动选择和设置路由,选择最佳路径,按前后顺序发送信号。它的功能包括确定发送数据包的最佳路径,将数据包转发到目的地。

路由器通过获知远程网络和维护路由信息来进行数据包转发,是多个 IP 网络的汇合点,或结合部分路由器主要依据目的 IP 地址来做出转发决定,使用路由表来查找数据包的目的 IP 与路由表中网络地址之间的最佳匹配。路由表最后会确定用于转发数据包的送出接口,然后路由器会将数据包封装为适合该送出接口的数据链路帧。

路由表的主要用途是为路由器提供通往不同目的 IP 的路径。路由表中包含一组"已知" IP 地址,即那些直接相连、静态配置以及动态获知的地址。

2.2.4.2　路由器的基本组成

路由器是一台有特殊用途的专用计算机,专门用来做路由器的计算机由硬件与软件组成。路由器的硬件主要由中央处理器、内存、接口、控制端口等物理硬件和电路组成,软件主要由路由器的 IOS 操作系统组成。

路由器主要硬件及其功能如下:

（1）中央处理器(CPU):路由器的控制和执行部分,包括系统初始化、路由和交换功能等。

（2）随机存取存储器(RAM):用来存放正在运行的配置或活动配置文件,路由表,数据包缓冲区设备断电后丢失的 RAM 中的数据。

（3）只读存储器(ROM):用于存放加电自检程序和引导程序。

（4）闪速存储器(flash memory):一种可擦写的 ROM,用于存放路由器的操作系统映像。

（5）非易失性随机存取存储器(NVRAM):用于存放路由器配置文件。设备断电后,NVRAM 中的数据仍然保存完好。

（6）接口。路由器的作用就是从一个网络向另一个网络传递数据包,它通过接口连接到不同类型的网络上。路由器能支持的接口类型体现路由器的通用性。路由器接口主要分为两组:

①LAN 接口:如 Ethernet/FastEthernet 接口(以太网/快速以太网接口),用于连接不同 VLAN。路由器以太网接口通常使用支持 UTP 网线的 RJ-45 接口。

②WAN 接口:如串行接口、ISDN 接口和帧中继接口。WAN 接口用于连接路由器与外部网络。这类接口一般要求传输速率非常高,通过该端口所连接的网络两端都要求实时同步。

路由器背面板各种接口如图 2-15 所示(以锐捷路由器 RSR20-14 为例)。

一般情况,还会通过一个控制端口(Console)与路由器交互,它将路由器连接到本地终端。

图 2-15　路由器背面板各种接口

路由器还具有一个辅助端口,它经常用于将路由器连接到调制解调器上,在网络连接失效和控制台无法使用时,进行带外管理。

　　路由器上每个独立的接口连接到一个不同的网络,每个接口都是不同 IP 地址的成员或主机,每个接口必须配置一个 IP 地址及对应网络的子网掩码。

2.2.4.3　路由器的分类

　　路由器产品众多,按照不同的方式划分有多种类型。常见的分类方法有以下几种:

　　(1)根据路由器的结构划分。根据路由器的结构,可划分为模块化路由器和非模块化路由器。模块化路由器可以灵活地配置路由,以适应企业不断增加的业务需求。非模块化路由器只能提供固定的端口。通常,中、高端路由器为模块化结构,低端路由器为非模块化结构。

　　(2)根据路由器的功能划分。根据路由器的功能,可划分为骨干级路由器、企业级路由器和接入级路由器。骨干级路由器是实现企业级网络互联的关键设备,它的数据吞吐量较大,在网络中起到至关重要的作用。对这种路由器的基本性能要求是高速率和高可靠性。网络系统普遍采用诸如热备份、双电源、双数据通路等传统冗余技术,从而保证骨干级路由器的高可靠性。企业级路由器连接众多的终端系统,连接对象较多,但系统相对简单,且数据流量较小。接入级路由器主要用于连接家庭或 ISP 内的小型企业客户群体。

　　(3)根据路由器的性能划分。根据路由器的性能,可划分为线速路由器和非线速路由器。所谓线速路由器,就是完全可以按传输媒介的带宽进行通畅传输,基本上没有间断和延时。通常线速路由器是高端路由器,具有非常高的端口带宽和数据转发能力,能以媒体速率转发数据包;中、低端路由器是非线速路由器。一些新的宽带接入路由器也有线速转发能力。

　　(4)根据路由器所处的网络位置划分。根据路由器所处的网络位置,可划分为边界路由器和中间节点路由器。边界路由器处于网络边缘,用于不同网络路由器的连接;而中间节点路由器则处于网络的中间,通常用于连接不同的网络,起到一个数据转发的桥梁作用。

2.2.5　防火墙

2.2.5.1　防火墙的定义和工作原理

1)防火墙的定义

　　防火墙是一种网络安全设备或软件程序,专门设计用于保护计算机网络的安全。它可以通过过滤流经网络的数据包来监控和管理网络,并根据预先设置的规则来允许或拒绝数据包通过。防火墙是网络安全的第一道防线,帮助企业和组织保护自己的网络免受黑客攻击、恶意软件的侵袭和未经授权的访问。

2)防火墙的工作原理

　　防火墙基于控制访问和数据包过滤的原理工作。当数据包从网络中的一台计算机传输到

另一台计算机时,防火墙会对该数据包进行检查,并根据预设的规则来决定是否允许该数据包通过。具体工作流程如下:

首先,防火墙会检查数据包的源 IP 地址和端口号,以确定其来源和目标地址是否符合安全策略。

然后,防火墙会检查数据包的协议类型,如 TCP、UDP 或 ICMP 等,以确定其传输方式是否符合安全策略。

接着,防火墙会检查数据包的内容和大小,以确定其是否包含有害文件、病毒或不正常的行为,并据此决定是否允许数据包通过。

最后,防火墙会根据预设的规则来决定是否允许数据包通过。数据包如果符合安全规则,则会被允许通过,否则会被阻止或拦截。

2.2.5.2　防火墙的基本功能

防火墙是保障计算机网络安全的重要设备,具有访问控制、内外隔离、威胁检测和防范、网络地址转换、VPN(虚拟专用网络)支持等多种基本功能。了解这些功能可以帮助我们更好地理解防火墙的作用,采取适当的措施来保护计算机网络的安全。

1)访问控制

防火墙可以根据预先设置的规则来限制进出网络的数据,只允许符合安全策略的数据包进行传输,对不符合规定的数据包进行拦截和阻断。这样可以有效地防止未经授权的人员或黑客入侵网络,从而提高网络的安全性。

2)内外隔离

防火墙可以将网络划分为内网和外网两部分,并且通过防火墙设置不同的网络访问权限,从而实现内外隔离,保护内网安全。内网通常包括办公区域、服务器、数据库等敏感资源,而外网则是指互联网上的公共网络。防火墙的内外隔离功能,可以有效地保护内网的安全。

3)威胁检测和防范

防火墙可以监视网络中的数据,并通过特定的检测技术检测和拦截可能的威胁,如病毒、木马、黑客等。防火墙还可以使用入侵检测系统(IDS)和入侵预防系统(IPS),来检测和阻止潜在的攻击行为,提高网络的安全性。

4)网络地址转换

防火墙可以对网络地址进行转换,从而隐藏内部网络的真实 IP 地址,增强网络的安全性。常用的网络地址转换技术包括基于 NAT 的网络地址转换和端口地址转换(PAT)。

5)VPN 支持

防火墙可以支持 VPN,通过加密和隧道技术提供安全的远程访问功能。这样可以使移动用户、分支机构等远程用户能够安全地访问企业网络,同时保证数据的机密性和完整性。

2.2.5.3　防火墙的分类

防火墙可以分为软件防火墙、硬件防火墙、应用程序防火墙、网络层协议防火墙和综合威胁管理型防火墙(unified threat management,UTM)等多种类型。了解防火墙的类型可以帮助我们更好地选择满足需要的防火墙设备,保护计算机网络的安全。

1)软件防火墙

软件防火墙是安装在计算机上的软件程序,通过对传输层或应用层协议进行过滤,保护本机或局域网的安全。软件防火墙通常运行在操作系统的内核态，可以按照预先设定的规则过滤进出网络的数据。

2）硬件防火墙

硬件防火墙是安装在网络设备上的硬件设备，通过对网络数据的过滤和管理来保护网络的安全。硬件防火墙通常包括专用硬件设备、路由器、交换机等，可以对网络数据包进行实时处理和过滤，并根据特定规则来决定是否允许数据包通过。

3）应用程序防火墙

应用程序防火墙是一种特殊的防火墙，主要用于保护 Web 应用程序的安全。它可以检测并拦截针对 Web 应用程序的攻击，如 SQL 注入、跨站点脚本攻击等，并通过实时监控和警报来提醒管理员采取适当的措施。

4）网络层协议防火墙

网络层协议防火墙是一种基于网络层协议的防火墙，主要用于保护路由器和交换机等网络设备的安全性。它可以检测并拦截针对网络层协议的攻击，如 IP 欺骗、ARP 欺骗等，并根据特定规则来决定是否允许数据包通过。

5）综合威胁管理型防火墙

综合威胁管理型防火墙是一种集成多种安全功能的防火墙，包括入侵检测、虚拟专用网络、反病毒、反垃圾邮件、Web 过滤等多种安全功能。综合威胁管理型防火墙可以提供全方位的安全保护，适用于大型企业和组织的网络安全保护。

任务 2.3　学会 eNSP 模拟器的安装与使用

在计算机网络的实验中，需要各种网络设备。但做实验用的网络设备采购需要资金并且非常耗时，而且网络设备更新速度相对较快，所以并不是想用就马上能用得到。为了解决这个问题，华为免费推出其图形化网络仿真工具平台——eNSP（Enterprise Network Simulation Platform）。

eNSP 的特点包括：

（1）高度仿真。eNSP 可模拟华为 AR 路由器、X7 系列交换机的大部分特性，也可模拟 PC 终端、Hub、云、帧中继交换机等。仿真设备配置功能，快速学习华为命令行。可模拟大规模设备组网。可通过真实网卡实现与真实网络设备的对接。模拟接口抓包，直观展示协议交互过程。

（2）图形化操作。eNSP 支持拓扑创建、修改、删除、保存等操作。支持设备拖曳、接口连线操作。通过不同颜色，直观反映设备与接口的运行状态。预置大量工程案例，可直接打开演练学习。

（3）分布式部署。eNSP 支持单机版本和多机版本，支持组网培训场景。多机组网场景最多可模拟 200 台设备组网。

2.3.1　eNSP 安装

由于 eNSP 上每一台虚拟设备都要占用一定的内存资源，所以 eNSP 对系统的最低配置要求为 CPU 双核 2.0GHz,内存 2GB,空闲磁盘 3GB,操作系统 Windows XP 以上。在最低配置的系统环境下,组网设备最大数量为 10 台。当然,实际上在大多数情况下我们无须担心系统的配置问题。

在检查完系统配置符合安装条件后,我们就可以开始进行安装了。

2.3.1.1 eNSP 安装步骤

双击程序安装文件,打开安装向导。选择安装语言"中文(简体)",单击"确定"。当然,如果愿意安装英文版,那也是可以的。

进入欢迎界面,鼠标单击"下一步",如图 2-16 所示。

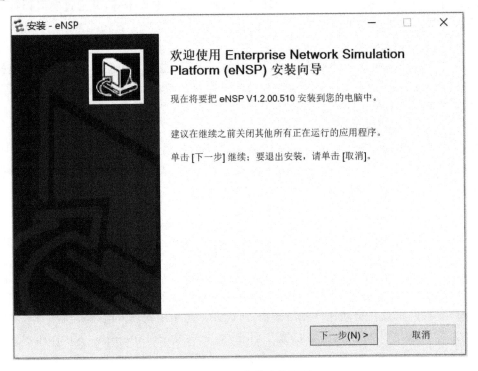

图 2-16 eNSP 安装欢迎界面

选择目标安装位置用来安装 eNSP,选好之后,单击"下一步",如图 2-17 所示。需要注意的是,在安装目录的路径中,不能包含非英文字符。

设置 eNSP 程序快捷方式在"开始"菜单中显示的名称,单击"下一步",如图 2-18 所示。

选择是否要在桌面上创建快捷方式,单击"下一步",如图 2-19 所示。

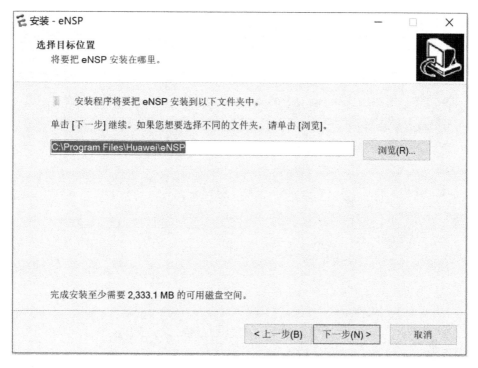

图 2-17　选择目标安装位置

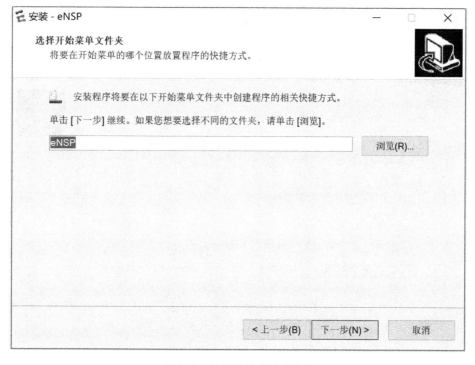

图 2-18　选择开始菜单文件夹

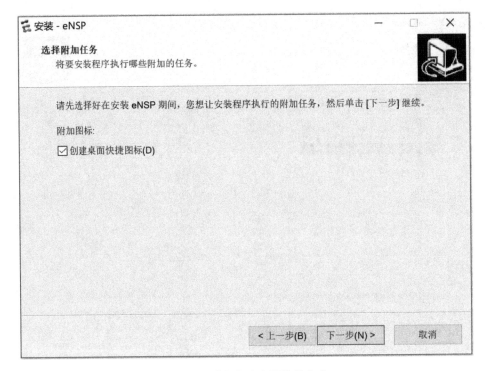

图 2-19   选择创建桌面快捷方式

选择需要安装的软件。需要注意的是，在首次安装时，应选择安装全部软件，可以勾选安装 WinPcap、安装 Wireshark、安装 Oracle VM VirtualBox，单击"下一步"。

确认安装信息后，单击"安装"，如图 2-20 所示，软件即开始安装，如图 2-21 所示。

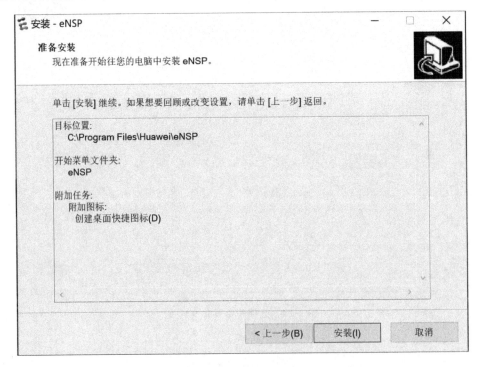

图 2-20   准备安装 eNSP

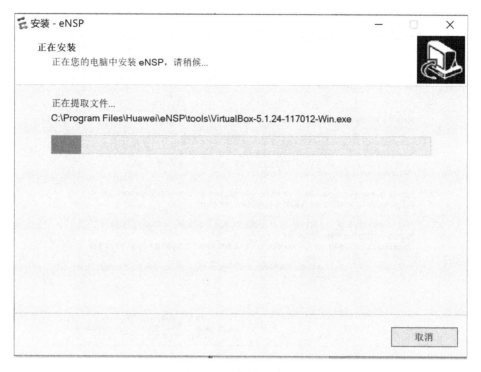

图 2-21　软件安装中

2.3.1.2　WinPcap 安装步骤

eNSP 的安装进度条走满之后,会自动安装 WinPcap。此时单击"Next"即可,出现安装欢迎界面,如图 2-22 所示。

图 2-22　WinPcap 安装欢迎界面

单击"Next",出现协议界面,如图 2-23 所示。

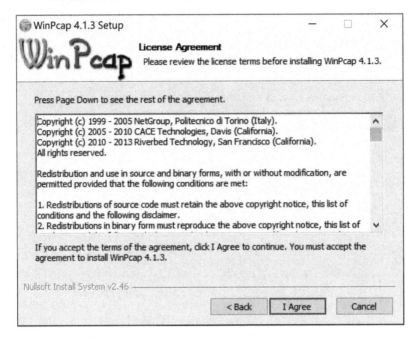

图 2-23　WinPcap 安装协议

单击"I Agree",即可进入安装选项界面,如图 2-24 所示。如果选中复选框,则表示同意在初始化时自动启动 WinPcap。

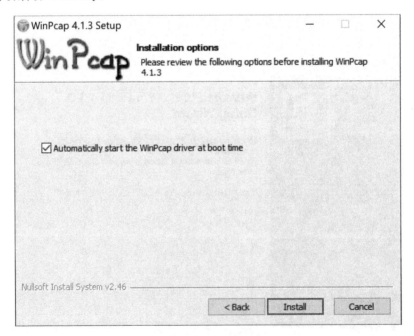

图 2-24　WinPcap 安装选项

单击"Install",即进入安装界面,等待安装完成即可。进度条走满,则表示安装完成,进入安装完成界面,如图 2-25 所示。

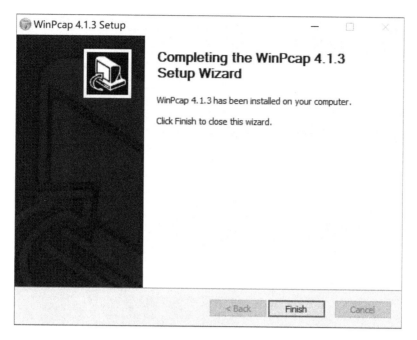

图 2-25 WinPcap 安装完成

单击"Finish",WinPcap 安装完成。

2.3.1.3 Wireshark 安装步骤

WinPcap 安装完成后,随即进入 Wireshark 安装欢迎界面,如图 2-26 所示。

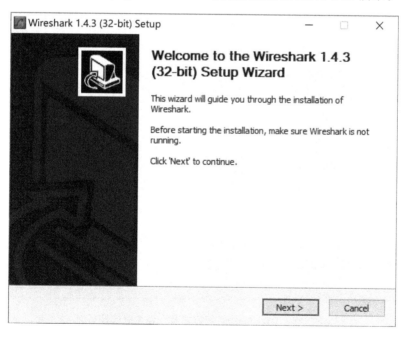

图 2-26 Wireshark 安装欢迎界面

单击"Next",进入组件选择界面,如图 2-27 所示。

計算机网络基础

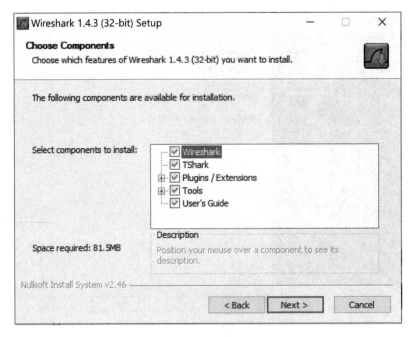

图 2-27　Wireshark 组件选择界面

没有特殊要求的，一般将组件全部选中即可，然后单击"Next"，进入选择快捷方式以及文件关联界面，如图 2-28 所示。

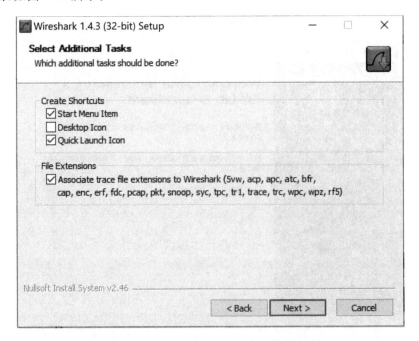

图 2-28　Wireshark 快捷方式及文件关联选择界面

出现的复选框依次是启动菜单(start menu item)、桌面快捷方式(desktop icon)和快速启动(quick launch icon)，选择需要的选项，单击"Next"，即进入选择安装路径界面，如图 2-29 所示。

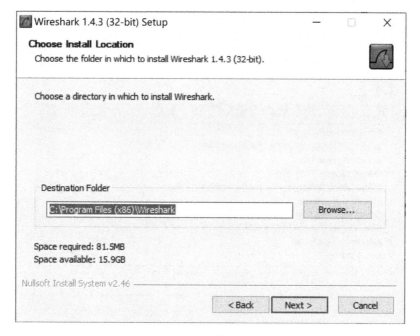

图 2-29　Wireshark 选择安装路径界面

选择目标文件夹，安装 Wireshark，单击"Next"，进入安装界面，如图 2-30 所示。

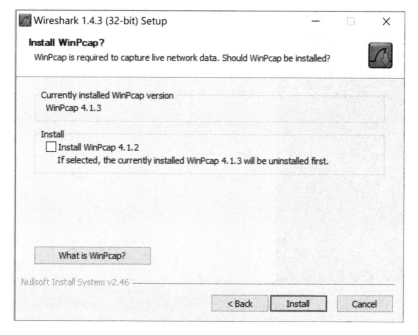

图 2-30　Wireshark 安装界面

在 Wireshark 的安装界面，会出现一个关于安装 WinPcap 的复选框，此处不需要选择，否则会重新安装一遍低版本的 WinPcap。单击"Install"，即开始安装，进度条走满表示安装工作已经完成，如图 2-31 所示。

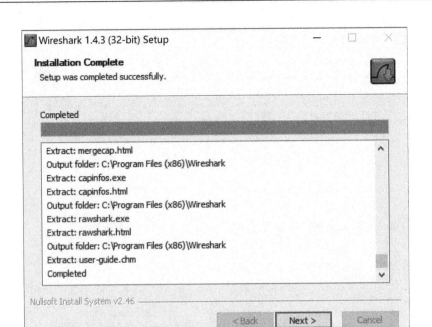

图 2-31　Wireshark 安装完成

单击"Next",跳转到安装结束界面,如图 2-32 所示。

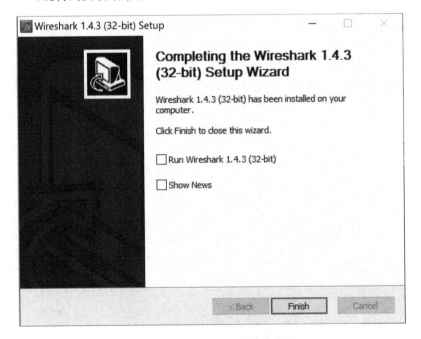

图 2-32　Wireshark 安装结束界面

单击"Finish",Wireshark 安装完毕。

2.3.1.4　Oracle VM VirtualBox 安装步骤

Wireshark 安装完成后,即进入 Oracle VM VirtualBox 安装欢迎界面,如图 2-33 所示。

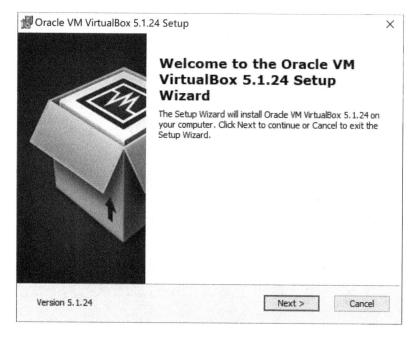

图 2-33　Oracle VM VirtualBox 安装欢迎界面

　　单击"Next",进入自定义安装界面,可以选择需要安装的组件,也可以更改安装的路径,如图 2-34 所示。

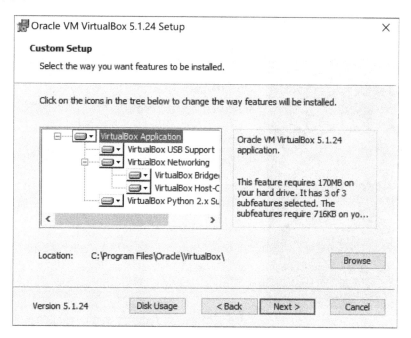

图 2-34　自定义安装界面

　　选择需要安装的组件和安装路径后,单击"Next",进入快捷方式选择界面,如图 2-35所示。

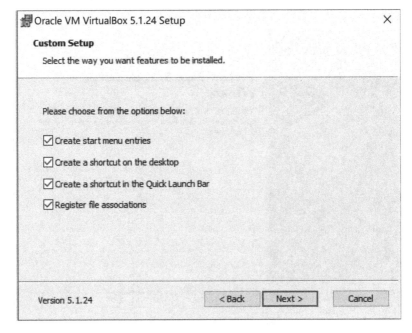

图 2-35 快捷方式选择界面

图 2-35 中第二个和第三个复选框的意思分别是在桌面上创建快捷方式和在快捷菜单栏中创建快捷方式。单击"Next",此时可能会弹出警告,提示当前网络连接可能会出现问题,如图 2-36 所示。

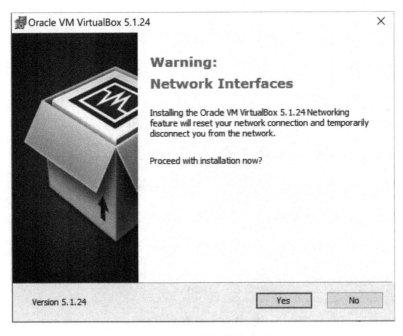

图 2-36 网络接口警告界面

单击"Yes",继续安装,出现界面如图 2-37 所示。

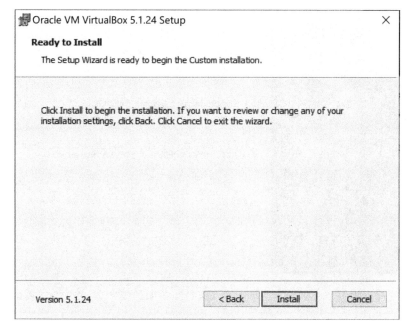

图 2-37　准备安装 Oracle VM VirtualBox

单击"Install"，Oracle VM VirtualBox 迅速开始安装，如图 2-38 所示。

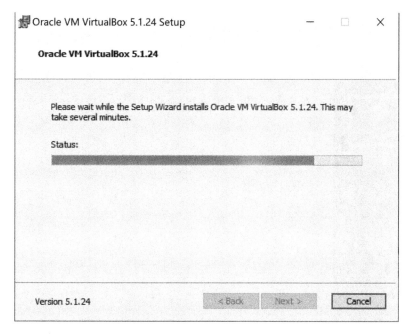

图 2-38　Oracle VM VirtualBox 安装中

等待一小会儿之后，安装完成，如图 2-39 所示。单击"Finish"即可。

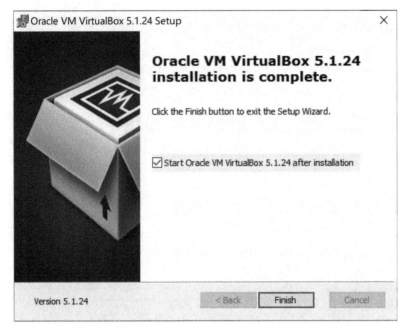

图 2-39   Oracle VM VirtualBox 安装完成

Oracle VM VirtualBox 安装完毕后,界面自动跳转到 eNSP 安装成功界面,如图 2-40 所示。如果不希望立刻打开程序,可取消"运行 eNSP"复选框的勾选。单击"完成"结束安装。

安装完后,如果前面都选择了合适的快捷方式安装选项,那么桌面上可能会有三个快捷方式,如图 2-41 所示。

图 2-40   Oracle VM VirtualBox 安装完成

图 2-41   相关软件
的桌面快捷方式

双击 eNSP 图标就可以运行 eNSP 了。

2.3.2 eNSP 基本操作

启动 eNSP,可以看到其主界面,如图 2-42 所示。单击"新建拓扑",就可以开始使用 eNSP 了,如图 2-43 所示。

图 2-42 eNSP 主界面

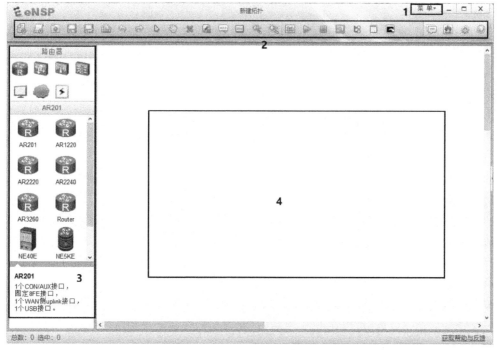

图 2-43 eNSP 新建拓扑界面

区域 1 是菜单栏,提供"文件""编辑""视图""工具""帮助"等菜单。

区域 2 是工具栏,提供常用的工具,将鼠标移到相应工具图标处会显示说明。

区域 3 是网络设备区,提供设备和传输介质。每种设备都有不同型号。比如单击路由器,会显示 AR1220、AR2220 等不同型号的路由器以供选择。如果需要的话,直接将其拖动到区域 4 就可以了。

区域 4 是工作区,在工作区中可以实施网络拓扑的组建。

接下来,我们可以尝试将网络设备区的交换机和若干 PC 拖到工作区的空白处,如图 2-44 所示。在工作区中可以对选中的设备进行删除操作,也可以选中全部设备后,单击鼠标右键使用快捷菜单进行水平对齐、垂直对齐等操作。

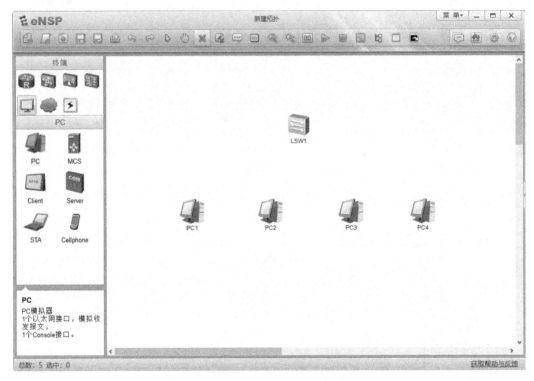

图 2-44　拖动网络设备组建网络拓扑图

单有网络设备还不行,还需要相应的传输介质,以便把设备连接起来,如图 2-45 所示。

以图 2-45 中所选择的设备来看,毫无疑问,使用双绞线是一种比较靠谱的选择,因此选择"Copper"。这里的"Auto"可以自动识别接口卡类别以选择合适的相应线缆,而"Serial"则为串口线。当线缆一端连接了设备,忽然又不想连接了怎么办?此时可以在工作区中单击鼠标右键,或者在键盘按 Esc 键即可。

线缆连接完毕后,需要启动相应设备。选中设备图标,单击鼠标右键,在弹出的快捷菜单中选择"启动",设备即告启动。也可以单击鼠标左键选中某台设备或单击鼠标并拖动,同时选择多台需要启动的设备,点击区域 2 工具栏中的绿色按钮▶启动设备。

设备启动成功后,连接线上的红点会变成绿色。

所有设备启动完成后,可以在 PC1 上右击,在弹出的快捷菜单中选择"设置",即可对计算机进行设置主机名、IP 地址等操作,如图 2-46 所示。

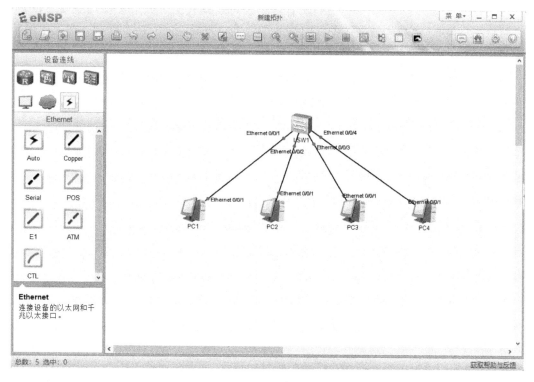

图 2-45   设备连线

图 2-46   对 PC1 设备进行设置

当然,既然 PC 可以设置,那么交换机肯定也是可以设置的。如果选择其他网络设备,一样也可以进行设置。设置完成后,可以通过命令行进行查看,如图 2-47 所示。在这里我们可以尝试把 4 台 PC 设置在同一局域网内。

图 2-47 查看 PC1 的 IP 地址

完成配置后,也可以对设备和拓扑图进行保存。可以单击工具栏中的"保存"按钮来保存拓扑图,如果希望导出的拓扑图保存已经配置过的信息,需要在设备上用"save"命令进行保存后再保存。如果只是导出设备的配置文件,操作非常简单,选中设备,单击鼠标右键,在弹出的快捷菜单中选择"导出设备配置"即可。导出的设备配置文件后缀为. cfg,在下一次有需要的应用场景中,即可将其导入。需要注意的是,导入配置时,必须是在设备未启动的状态下进行的。

项目实训 使用 Wireshark 抓包分析网络协议

1. 任务需求

使用抓包软件捕获网络中的报文,对捕获的报文进行分析,对应协议结构梳理各字段的内容,并解读其含义。

2. 规划设计

在 eNSP 中使用 Wireshark 捕获 IP 报文,并对其进行分析。构建如图 2-48 所示的拓扑图。

Client1　　　　　　　Client2

图 2-48 拓扑图

本实训要完成如下操作步骤：

(1)安装 eNSP。

(2)启动 eNSP。

(3)绘制拓扑图,选择设备。

(4)建立物理连接。

(5)进入终端配置界面,配置终端系统。

(6)启动终端系统设备。

(7)捕获接口报文。

(8)生成接口流量。

(9)观察捕获的报文,分析协议。

3.实施步骤

1)启动 eNSP

在启动 eNSP 之后,单击窗口左上角的"新建拓扑"按钮,创建一个新的实验场景,如图 2-49 所示。在左窗格的顶部,单击"终端"图标,在显示的终端设备中,选中"PC"图标,把图标拖到空白界面中,如图 2-50 所示。

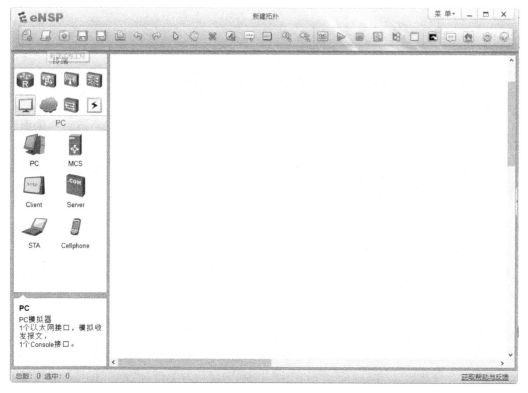

图 2-49　新建拓扑

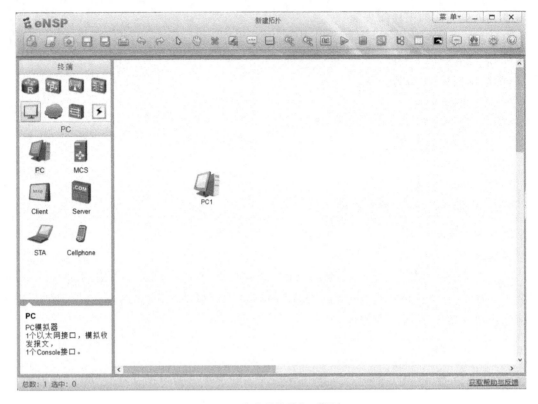

图 2-50　选中并拖拽"PC"图标

2）建立一条物理连接

在左窗格的顶部，单击"设备连线"图标，在显示的媒介中，单击"Copper"图标。单击图标后，光标代表一个连接器。单击"PC1"图标，会显示其包含的接口。选择"Ethernet 0/0/1"接口，连接此接口，单击"PC2"图标，同样选择"Ethernet 0/0/1"接口作为该连接的终点，完成两个"PC"图标之间的连接。

可以发现，在已建立的端到端的网络中，连线的两端显示的是两个红点，表示该连线连接的两个口都处于 Down 状态。

3）进入终端系统配置界面，配置终端设备

选中一台终端设备，单击鼠标右键，在弹出的快捷菜单中选择"设置"命令，查看该设备的系统配置信息。打开的设置属性窗口中包含"基础配置""命令行""组播""UDP 发包工具"和"串口"5 个标签页，分别用于配置不同的需求。

选择"基础配置"标签页，在"主机名"文本框中输入主机名称。在"IPv4 配置"区域，选中"静态"单选按钮。在"IP 地址"文本框中输入 IP 地址。建议按照图 2-51 所示的信息配置 IP 地址及子网掩码。配置完成后，先单击右下角的"应用"按钮，再单击右上角的"关闭"按钮关闭该窗口。

使用相同的步骤配置 PC2。建议将 PC2 的 IP 地址配置为 192.168.1.2，子网掩码配置为 255.255.255.0。完成基础配置后，两台终端就可以成功建立端到端通信。

图 2-51　PC1 基础配置

4）启动终端设备

可以使用以下两种方法启动设备：

第一种：选中一台设备，单击鼠标右键，在弹出的快捷菜单中选择"启动"命令，启动该设备。

第二种：拖动光标选中多台设备，单击鼠标右键，显示快捷菜单，选择"启动"命令。

当设备启动后，线缆上的红点将变为绿色，表示该连接处于 Up 状态。

当网络拓扑图中的设备变为可操作状态后，可以监控物理连接中的接口状态与传输介质中的数据流。

5）捕获接口报文

选中设备，单击鼠标右键，在弹出的快捷菜单中选择"数据抓包"命令。此时会显示设备上可用于抓包的接口列表，从列表中选择被监控的接口"Ethernet 0/0/1"。接口选择完成后，Wireshark 会自动激活，捕获选中接口收发的所有报文。如果需要监控更多的接口，重复上述步骤，选择不同的接口即可，Wireshark 会为每个接口激活不同实例来捕获数据包。

根据被监控设备的状态，Wireshark 可以捕获选中接口上产生的所有流量，生成抓包结果。在本实训的端到端的组网中，需要先通过配置产生一些流量，再观察抓包结果。

6）生成接口流量

可以使用以下两种方法打开命令行界面：

第一种：双击"设备"图标，在弹出的窗口中选择"命令行"标签页。

第二种：右击"设备"图标，在弹出的快捷菜单中选择"设置"命令，随后在弹出的窗口中选择"命令行"标签页。

产生流量最简单的方法是使用 ping 命令发送 ICMP 报文。在命令行界面中输入"ping〈ip address〉"命令,其中的"〈ip address〉"设置为对端设备的 IP 地址。

生成的流量会在该界面的回显信息中显示,包含发送的报文和接收的报文。

生成流量之后,通过 Wireshark 捕获报文并生成抓包结果。可以在抓包结果中查看 IP 协议的工作过程,以及报文中基于 OSI 参考模型的各层的详细内容。

7)观察捕获的报文

查看使用 Wireshark 捕获的报文,如图 2-52 所示。

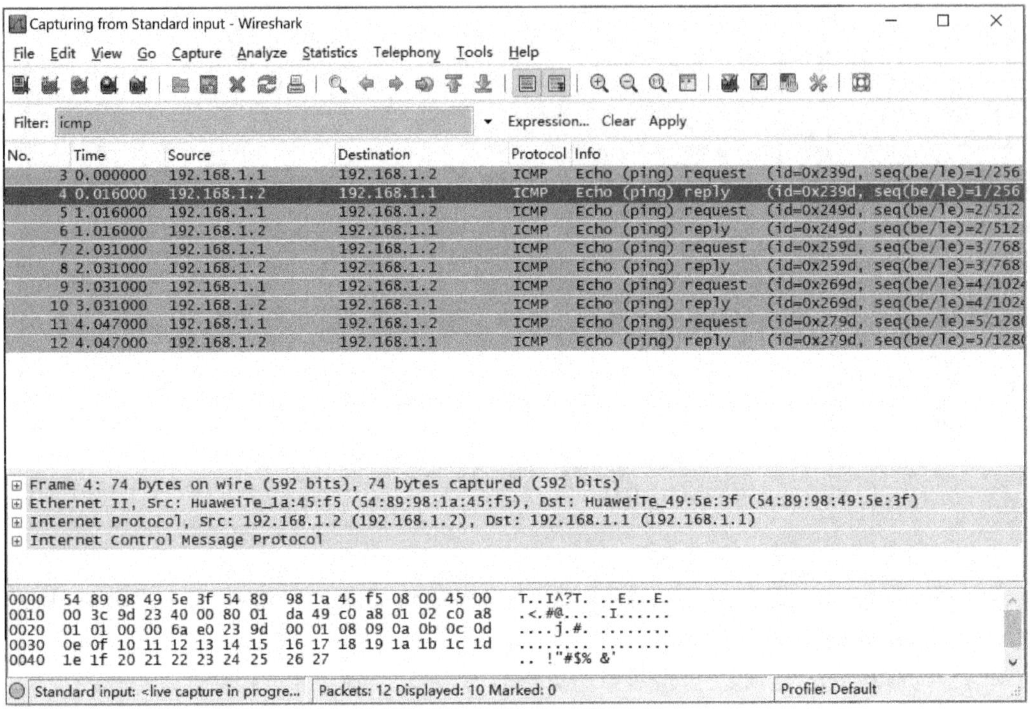

图 2-52　捕获报文

Wireshark 程序包含许多针对所捕获报文的管理功能,其中比较常用的是过滤功能,可以用来显示某种特定报文或协议的抓包结果。在菜单栏下面的"Filter"文本框中输入过滤条件就可以使用该功能。最简单的过滤方法是在文本框中先输入协议名称(小写字母),再按 Enter 键。在本实训项目中,Wireshark 抓取了 ICMP 协议与 ARP 协议的报文。先在"Filter"文本框中输入"icmp"或"arp",再按 Enter 键,在回显信息中将只显示 ICMP 协议或 ARP 协议的报文捕获结果。

Wireshark 界面中包含 3 个面板,分别用来显示数据包列表、每个数据包的内容明细及数据包对应的十六进制的数据格式。报文内容明细对理解协议报文的格式十分重要,同时显示了基于 OSI 参考模型的各层协议的详细信息。

任务工作单 2-1　使用 Wireshark 抓包分析网络协议

1.任务目的 　通过学习本任务,理解网络体系结构中各层协议的功能和结构,掌握 eNSP 的基本使用方法,能够用 eNSP 自带的 Wireshark 抓包分析网络协议
2.任务要求 (1)安装 eNSP。 (2)绘制网络拓扑图。 (3)抓包分析各网络协议的功能和结构
3.讨论 　主要协议,如 IP 协议、ICMP 协议、ARP 协议、TCP 协议和 UDP 协议的功能与工作过程。
4.网络拓扑和设备配置的截图
5.测试结果的截图

学习评价表 2-1　使用 Wireshark 抓包分析网络协议

评价日期：　　　　　　　　　　　　　　　　　　　　成绩：

考核项目	考核要求	评分标准	分值	自评（40%）	师评（60%）	总评得分
能力目标	(1)安装 eNSP。 (2)绘制网络拓扑图。 (3)抓包分析各网络协议的功能和结构	(1)软件安装完成并且能正常使用。(20分) (2)拓扑图正确,连线正确,设备配置正确。(20分) (3)生成流量,抓包分析网络协议(30分)	70分			
素质目标	纪律表现	无迟到、早退或中途无故离开实训室等现象;尊重老师,团结同学(5分)	30分			
	爱护设备、保护机房环境	安全、正确地操作设备;保持座位周围整洁,不乱扔垃圾;离开实训室时将设备、配件和桌椅放回原位,并摆放整齐(5分)				
	团队协作能力	与小组成员配合良好,服从教师和组长的安排,积极主动地完成任务(5分)				
	严谨认真、诚实守信、精益求精	在完成任务的过程中,严谨认真,诚实守信,不抄袭、不窃取他人成果;对任务精益求精,高质量地提交成果(10分)				
	总结与反思	思维活跃,积极互动,总结并反思问题与收获,正确评价(5分)				

项目 3　网络项目规划与设计

◈ 项目描述

通过项目 1 我们认识了网络,通过项目 2 我们了解了网络工作的原理,那么如果我们要搭建一个网络,应该怎么做呢? 本项目,我们将以校园网为例,学习典型网络工程项目的规划与设计,包括网络需求分析、网络拓扑设计、IP 地址规划与子网划分等内容。

◈ 学习目标

知识目标:

(1)了解网络需求分析;

(2)了解常见网络结构设计;

(3)掌握 IP 地址相关知识。

技能目标:

(1)能对网络进行需求分析;

(2)会用常见网络结构设计来设计网络拓扑;

(3)能根据网络需求规划 IP 地址和划分子网。

素养目标:

(1)具备动手解决实际问题的能力;

(2)培养团结协作的精神;

(3)提升自学探索的能力。

任务 3.1　网络需求分析

需求分析是网络设计的基础,是网络工程项目实施的第一个环节,对网络设计、经费预算有着直接影响,也决定着网络工程建设。

通常,需求分析包括以下部分:

(1)分析商业目标与商业约束。理解网络商业的本质并将其贯穿网络设计的整个过程,明确用户的投资规模等。

（2）分析技术目标与技术约束。从技术角度分析未来网络的功能需求是否能满足用户的需求。

（3）分析现有网络的特征。分析现有网络结构、使用情况和表现特征，判断用户的设计目标是否与实际相符合，记录网络瓶颈、性能问题，辨别哪些设备端口数量或容量不足，以及不能满足新网络设计要求而需要被替换的网络互联设备等。

（4）刻画未来网络通信需求特征。

3.1.1　用户调查

需求分析需要与用户沟通，对用户的需求进行充分调研，并将用户模糊的想法明确化和具体化。

用户调查是网络需求分析阶段的首要工作。全面了解用户建网需求，是整个网络工程项目的难点，因此，负责用户调查的网络工程人员不仅要具备丰富的用户调查经验，全面掌握相应网络工程项目的细节，还要具备高超的数据分析和成本分析能力，否则会使得搜集到的数据不完整或不准确，得出的成本/效益也就不适用于网络系统设计方案。

对网络工程项目的用户调查与需求分析，通常从业务、用户、应用、网络、计算机平台等方面进行。

用户调查主要围绕调查方式和调查内容两个核心问题进行。

3.1.1.1　用户调查方式

（1）实地考察。该方式是工程设计人员获得第一手资料最直接的方法，也是必需的步骤。可以通过与用户单位负责人和最终用户直接交流获取资料。

（2）用户访谈。该方式要求工程设计人员与用户单位负责人通过面谈、电话交谈、电子邮件等以一问一答的形式获得所需信息。最好是先由用户单位给出一份初步的意见书，再针对意见书中的条款，双方进行磋商。

（3）问卷调查。该方式是工程设计人员事先提供一个规定格式的调查表格，面向用户数量较多的单位，向具体应用部门的负责人以及最终用户进行网络应用需求调查，获取对将要建设网络的应用需求信息。问卷调查可采用无记名问卷调查和记名问卷调查两种形式进行。

（4）向同行咨询。项目小组要讨论、分析用户的需求，必要时可召开部门或公司会议。另外，还可以将获得的需求分析中不涉及商业机密的部分发布到专门讨论网络相关技术的论坛或新闻组中，请同行提供相关的意见和建议。

3.1.1.2　用户调查内容

（1）业务与组织机构调查。与用户方的相关主管人员、相关应用的部门人员进行交流，主要获取下列信息：主要相关人员信息（如决策者信息）、网络工程的关键点信息（如开工时间和完工时间等）、投资规模信息（如预算限制等）、性能要求、预测增长率情况、业务活动情况、安全性要求、电子商务的需求情况、与 Internet 的连接方式、远程访问需求等。对业务与组织机构的调查是各类调查中最关键的，也是必需的。

（2）用户关注的问题。用户关注的是信息能否传输，信息的传输是否有效、可靠，网络的扩展性好不好，网络的建设成本等问题。用户关注的问题往往是主观的、不精确的，但它却是需要准确了解的重要信息。在搜集用户关注的问题时，要鼓励用户量化需求。如：网络故障能否接受？若能接受,可以接受到什么程度？何时接受？响应时间多长叫太长？

（3）应用调查。不同行业有不同的网络应用要求,应用调查就是要搞清楚用户方建设网络的真正目的,现在和将来需要使用什么应用系统,如网络教学、视频点播、课件资源下载、网上答疑、作业提交等。只有了解了用户方的应用类型、数据量大小、数据源的重要程度、网络应用的安全及可靠性等,才能设计出适合用户实际需求的网络工程方案。应用调查多采用会议或走访的形式,请用户方的代表发表意见并反馈应用需求信息。

（4）计算机平台调查。计算机平台需求所涉及的范围有可靠性、有效性、安全性、响应速度、CPU、内存、硬盘容量、操作系统等。对于计算机平台,需要考虑未来2～3年的应用需求,如硬件性能不能满足将来的应用,到时就不得不采购新设备进行升级或替换,增加了客户的成本。一般可以通过问卷调查的形式获取计算机平台需求信息。

（5）综合布线调查。综合布线调查的目的是了解用户方建筑群的地理位置与几何中心、建筑群楼内的布线环境与几何中心,以便于确定网络的物理拓扑结构、综合布线系统预算。调查的内容主要有用户方信息点的数量和位置,布线要求(如布线走向要求、线路带宽、线路冗余等)。

在全面了解了用户需求后,接下来要根据所掌握的用户需求信息进行需求分析,为后面的网络设计提供技术基础。

3.1.2　需求分析

3.1.2.1　需求分析的类型

在需求分析过程中,要替用户从多方面、多角度考虑,通常从以下几个方面考虑。

（1）应用背景需求分析。分析当前网络应用的技术背景、行业应用方向和技术趋势等,说明本单位网络信息化的必然性。

（2）业务需求分析。需要明确本单位的业务类型、应用软件类型以及对带宽、服务质量等网络性能指标的要求。业务需求是网络建设的重要环节,是网络规划与设计的基本依据,不可盲目估计,否则会为网络建设埋下各种隐患。

（3）管理需求分析。管理需求是各单位建设网络不可或缺的一个方面,高效的网络管理策略是保证网络稳定、可靠运行的关键。

（4）安全需求分析。用户单位的网络要接入 Internet,为保证自己的商业信息和其他数据资源不会丢失、被破坏或被盗,针对当前网络主要面临的威胁进行分析,从中获取安全性目标,权衡应采用何种安全技术措施。

（5）通信量需求分析。从网络应用出发,针对当前技术条件下可以提供的网络带宽作出评估,并权衡单位投入建设资金状况,进行综合评价,设计出性价比最高的网络规划方案。

（6）网络可扩展性需求分析。要充分考虑网络未来的增长,以满足新的需求,保证网络建设的可扩展性,充分利用现有的网络资源,保证单位的现有投资,保证将来新建的网络能够简单地接入现有网络,新的应用能够顺利地在现有网络上运行。

（7）网络环境需求分析。对单位地理位置和人文布局进行实地勘察,以确定网络规模和地理划分,便于在网络拓扑设计、结构化综合布线设计中作出决策。

3.1.2.2 需求信息归纳整理

通过各种途径获取的需求信息是凌乱、无序的,因此需要将对当前网络系统设计有帮助的信息提炼出来,其他信息可作为参考或供将来网络升级时参考。

(1)用规范的语言描述需求信息。通过用户访谈、问卷调查、向同行咨询等方式获取的需求信息一般口语化问题较突出,专业性不强,因此需要用专业语言来描述。这种书面描述将是需求说明书的一部分,并影响到整个网络系统的设计。

(2)对需求信息列表。采用表格方式整理需求信息,便于信息的归纳和分析。

3.1.2.3 需求说明书的编写

通过网络需求分析,可以更加充分地了解用户单位建设网络的目的,在此基础上,最终要建立用户需求说明书,记录下用户的需求和约束、现有网络特征、新网络建设的需求及约束等,为下一步网络方案设计提供准确的数据分析。

不同的网络,其需求说明书的设计文档也不相同,但总的来说,应包括以下几个部分。

(1)项目综述。项目综述简单介绍网络建设项目。用户建设项目的目的就是实现现代化管理、现代化教学、现代化信息服务等。用户建设网络的目标是搭建现代化管理平台、现代化教学平台、现代化信息服务平台等。

(2)需求数据总结。需求数据主要包括楼宇分布、楼宇结构和信息点分布,用户设备类型,应用系统建设,网络管理,网络安全,费用预算等数据信息。

(3)申请确认和修改。网络需求说明书是由用户方草拟,由投标方调查和整理后给出的一个初步需求说明,要由用户方进行书面确认后,投标方才可以用于指导网络工程的设计。

另外,由于网络工程的需求是会变化的,因此在网络建设过程中还需要随时根据用户方的意见反馈修改需求说明书。

3.1.3 可行性分析

可行性分析的目的是说明组建网络在技术、应用、经济和社会条件等方面的可行性,以及为达到目标可供选择的各种方案,并说明和论证最终选择的方案。本阶段的成果是提出可行性分析报告,以供决策。

3.1.3.1 分析商业约束

除了分析商业目标、了解用户对新应用的需求外,还要分析对网络开发有影响的商业约束。

1)技术与产品的约束

充分了解用户方是否已为新网络项目确定了技术和产品,是否在传输、路由选择协议等方面指定了标准,是否有开发的约定或选择专有的解决方案,是否有指定的供应商或特定的网络应用平台,是否允许不同厂商竞争等。若用户方已经确定了技术和产品,新的网络设计方案就一定要与该技术和产品相匹配。

2)预算约束

网络设计方案必须符合用户的投资预算。所有网络设计的一个共同目标就是控制网络预算,网络预算应包括设备采购、软件购买或开发、系统维护与测试、工作人员培训、网络设计与安装等所有费用。

3）时间约束

项目进度表规定了项目的最终期限和重要阶段。通常是由用户方负责管理项目进度,系统集成商必须对该进度表是否可行提出自己的意见,使项目日程安排符合实际工作要求。

在全面了解了项目范围后,要将系统集成商自行安排的计划(项目需求分析、逻辑设计、物理设计、现场施工、局部网络测试、整体网络测试、网络应用平台设置和网络系统运转)的时间与项目进度表的时间进行对照分析,及时与用户方沟通存在的问题。

3.1.3.2　分析技术目标与技术约束

1）影响网络性能的主要因素

影响网络性能的主要因素包括距离、时效、拥塞、服务类型、信息冗余等。

2）网络性能参数

网络性能参数有时延、吞吐量、丢包率、时延抖动、带宽、响应时间、利用率等。

3）可用性

可用性是指网络可供用户使用的时间,通常用每年、每月、每周、每天、每小时的网络运行时间与所对应时间段的全部时间之比来表示,是一个运行时间百分比。

一般而言,可用性与网络运行时间有关,还与网络的冗余有关,因为链路冗余是提高网络可用性的一种手段。

4）可扩展性

可扩展性是指网络技术或设备随着用户需求的增长而扩充的能力。其主要包括信息点的增加、网络规模增大、服务器数量增加等。

5）安全性

网络安全性设计的第一步是进行网络威胁分析,从中获取安全性目标,权衡应该采用何种安全技术措施。

安全性的实现可能会增加运行网络的成本,严格的安全技术措施还会影响到网络效率,但为了保证用户数据信息资源的安全性,不得不牺牲一点网络效率。

6）可管理性

不同的用户有不同的网络管理目标,有些用户的网络管理目标明确,而有的用户则没有明确的管理目标。例如,有的用户已经明确要使用SNMP(简单网络管理协议)来管理网络互联设备,记录每个交换机或路由器接收和发送的字节数量,如果选用的网络设备不支持SNMP,就不能满足用户的需求。

对于管理目标不明确的用户,可以使用ISO(国际化标准组织)定义的5个网络管理功能来说明。

(1)性能管理。分析通信和应用的行为,以优化网络,满足服务等级协议和确定扩展规划。

(2)配置管理。用来定义、初始化、辨别和监控网络中的被管理对象,改变被管理对象的操作特性,报告被管理对象状态的变化。

(3)故障管理。检测、隔离和排除网络中的故障,向最终用户和管理员报告问题,跟踪与问题相关的事件。

(4)安全管理。监控和测试网络安全性和保护策略,维护并分发口令以及其他认证和授权信息,管理加密密钥,审计与安全性策略相关的事项。

(5)计费管理。记录用户使用网络资源的情况并核收费用,同时也统计网络的利用率。

7)适应性

适应性是指随着网络新技术和新应用需求的出现,用户改变网络应用需求时网络的应变能力。一个优秀的网络能够适应网络新技术和新变化的需求。例如能适应不断变化的通信模式和 QoS(服务质量)的要求,所选的局域网或广域网技术能适应随时加入新用户使用的需求等。

8)可购买性

可购买性也称为成本效用,通常成本包括一次性购买设备成本和再发生的网络运行成本。

可购买性的一个基本目标就是在给定的财务成本情况下,使通信量最大。在小型网中,低成本通常是一个最基本目标,低成本比可用性更重要;在大中型企业网中,可用性要比低成本重要得多。

3.1.3.3　确定网络规模

网络规模一般分为 4 种:工作组或小型局域网、部门局域网、骨干网络、企业级网络。

确定网络规模主要涉及以下几个方面的内容:

①网络用户的数量。

②网络及终端设备的数量。

③需要上网的部门。

④需要上网的资源。

⑤采用设备的档次等。

3.1.3.4　分析网络拓扑结构

拓扑结构分析需要明确以下指标:

①网络接入点(访问网络的入口)数量及分布位置。

②网络连接的转接点分布位置。

③网络设备间的位置。

④网络中各种连接的距离参数。

⑤其他结构化综合布线系统中的基本指标等。

任务 3.2　网络拓扑设计

在完成了网络系统需求分析后,网络工程师就要基于需求分析结果进行网络系统的设计和规划。通常网络系统设计分为逻辑网络设计和物理网络设计,逻辑网络设计主要包括明确建设目标和设计原则、网络拓扑设计、网络技术选择、接入 Internet 设计、IP 地址规划与 VLAN 划分、网络管理与安全设计、网络设备选型等;物理网络设计是逻辑网络设计的物理实现,主要包括结构化综合布线系统设计。下面重点介绍网络拓扑设计。

网络拓扑设计就是根据网络设计原则,确定网络中所有节点的连接方式,选择相应的网络拓扑结构。在设计时,要考虑网段和互联点、网络规模、网络体系结构、所采用的网络协议,以及组建网络所需的硬件设备(如交换机、路由器和服务器等)类型和数量等方面的因素。优良的拓扑结构是网络稳定、运行可靠的基础,对于同样数量、同样位置分布、同样用户类型的主机,采用不同的拓扑结构会得到不同的网络性能,因此需要进行科学的拓扑结构设计。

一般而言,网络工程师会根据网络规模大小,采用不同的拓扑结构。对于规模较小的网络,可以采用星型拓扑结构;对于规模较大的网络,可以采用树型分层拓扑结构。

3.2.1 小型星型拓扑结构设计示例

星型网络主要是以相对便宜的双绞线为传输介质,网线的两端各用一个 RJ-45 水晶头为网络连接器。这里的小型星型网络是指只有一台交换机(当然也可以是集线器,但目前已很少使用)的星型网络,主要应用于小型独立办公室和 SOHO 用户中。这类小型星型网络所能连接的用户数一般在 20 个左右,当然也有可以连接 40 多个用户的,如 48 口的交换机,具体要根据交换机可用端口数而定。

1)网络要求

(1)所有网络设备都与同一台交换机连接。

(2)整个网络没有性能瓶颈。

(3)要有一定的可扩展余地。

2)设计思路

(1)确定网络设备总数。确定网络设备总数是整个网络拓扑结构设计的基础,因为一个网络设备至少需要连接一个端口,设备数一旦确定,所需交换机的端口总数也就确定下来了。这里所指的网络设备包括工作站、服务器、网络打印机、路由器和防火墙等所有需要与交换机连接的设备。本示例中,需要 20 个工作站用户、1 台服务器、1 台宽带路由器、1 台网络打印机,设备总数就是 23。根据这样的计算结果,24 口是最低要求,而本示例中的交换机有 24 个 10/100Mbit/s 端口,2 个 10/100/1000Mbit/s 端口,一共 26 个端口,可以满足该网络的连接需求,但最好选择端口数更多的交换机。

(2)确定交换机端口类型和端口数。一般中档二层交换机都会提供两种或两种以上类型的端口,如本示例中的 10/100Mbit/s 和 10/100/1000Mbit/s,都是采用双绞线 RJ-45 端口。有的还提供各种光纤接口。之所以要提供这么多不同类型的端口,就是为了满足不同类型设备网络连接的带宽需求。一般来说,在网络中的服务器、边界路由器、下级交换机、网络打印机、特殊用户工作站等所需的网络带宽较高,所以通常连接在交换机的高带宽端口。如本示例中的服务器所承受的工作负荷是最重的,直接与交换机的其中一个千兆位端口连接(另一个保留用于网络扩展);其他设备的带宽需求不是很明显,只需连接在普通的 10/100Mbit/s 快速自适应端口即可。

(3)保留一定的网络扩展所需端口。交换机的网络扩展主要体现在两个方面:一个是用于与下级交换机连接的端口,另一个是用于连接后续添加的工作站用户。与下级交换机连接方面,一般是通过高带宽端口进行的,毕竟下级交换机所连用户都是通过这个端口进行的。如果交换机提供了 Uplink(级联)端口,则直接用这个端口即可,因为它本身就是一个经过特殊处理的端口,其可利用的背板带宽比一般的端口宽。但如果没有级联端口,则只能通过普通端口进行了,这时为了确保下级交换机所连用户的连接性能,最好选择一个较高带宽的端口。本示例中可以留下一个千兆位端口用于扩展连接,当然在实际应用中,这个高带宽端口还是可以得到充分利用的,到需要时能重新空余下来即可。

(4)确定可连接工作站用户总数。交换机端口总数不等于可连接的工作站用户数,因为交

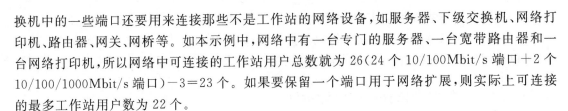

换机中的一些端口还要用来连接那些不是工作站的网络设备,如服务器、下级交换机、网络打印机、路由器、网关、网桥等。如本示例中,网络中有一台专门的服务器、一台宽带路由器和一台网络打印机,所以网络中可连接的工作站用户总数就为26(24个10/100Mbit/s端口＋2个10/100/1000Mbit/s端口)－3＝23个。如果要保留一个端口用于网络扩展,则实际上可连接的最多工作站用户数为22个。

3)设计步骤

在明白了网络拓扑结构设计基本思路后,接下来的具体设计步骤就非常明朗了。在本示例中,网络用户和交换机规格都已经定下来了,现在要做的就是根据这些已有条件设计一个实用的小型办公室网络方案。我们可以采用 Microsoft Office Visio 软件进行绘制。具体步骤如下:

(1)确定关键设备连接,把需要连接在高带宽端口的设备连接在交换机的可用高带宽端口上。如图 3-1 所示,把交换机图示放在设计的平台中心位置,然后把服务器与交换机连接的一个 10/100/1000Mbit/s 端口连接起来,并标注其端口类型。当然这要求服务器的以太网网卡也是支持双绞线千兆位以太网标准的。因为该交换机只有一个可用(另一个要保留)的千兆位端口,所以理论上仅需把最关键的网络服务器作为关键设备与高带宽端口连接即可。

图 3-1 高带宽端口设备与交换机连接

(2)把所有工作站用户计算机设备和网络打印机分别与交换机的 10/100Mbit/s 端口连接,如图 3-2 所示。

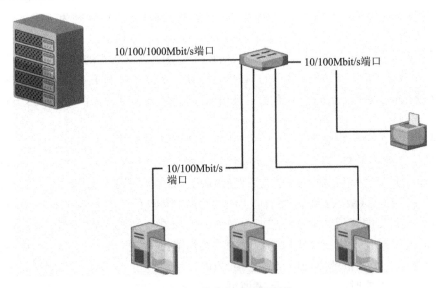

图 3-2 工作站与交换机相连

（3）如果网络系统要通过路由器与其他网络连接（如本示例中通过宽带路由器与因特网连接），则还需要设计因特网连接。路由器与外部网络连接是通过路由器的 WAN 端口进行的。虽然路由器的 WAN 端口类型有多种，但宽带路由器提供的 WAN 端口基本上也都是普通的使用 RJ-45 水晶头网络连接器的 10/100Mbit/s 以太网端口，直接与因特网宽带设备连接即可，如图 3-3 所示。

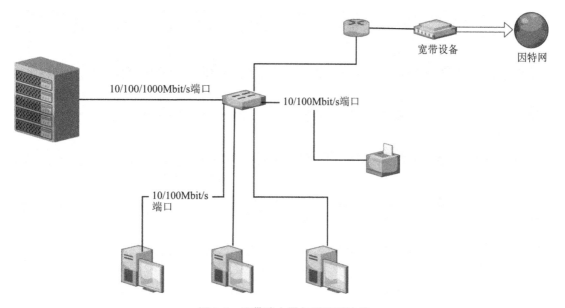

图 3-3 宽带路由器与因特网连接

通过以上简单的三个步骤就把这个只有一台交换机设备的简单小型办公室星型拓扑结构设计好了。可以看出，整个步骤非常简单，最关键的是要思路清晰，分门别类地把有不同带宽需求的设备连接在交换机的对应类型端口上，确保整个网络不会出现性能瓶颈。另外一点，在选择交换机时，一定要注意，端口数一定要大于现有网络所有需要与交换机连接的网络设备总数，因为还要预留一定数量的端口用于将来扩展。

3.2.2 大型树型分层拓扑结构设计示例

大型树型分层网络是指在整个网络中包括多个交换机，而且各交换机是通过级联方式进行连接的。在大型网络中，一般有"接入层""汇聚层"和"核心层"3 个层次。各层中的每一台交换机又各自形成一个相对独立的星型网络结构。这主要应用于在同一楼层的中小型企业网络中。在这种网络中通常会有一个单独的机房，集中摆放所有关键设备，如服务器、管理控制台、核心或骨干层交换机、路由器、防火墙、UPS 等。

（1）网络要求。

①核心交换机能提供负载均衡和冗余配置。

②所有设备都必须连接在网络上，且使各服务器负载均衡，整个网络无性能瓶颈。

③各设备所连交换机要适当，不要出现超过双绞线网段距离的 100m 限制。

④结构图中可清晰知道各主要设备所连端口类型和传输介质。

(2)设计思路。

这种大型树型分层网络比起前面介绍的小型星型网络要复杂得多,其中涉及的网络技术也复杂许多。下面是设计这类网络结构的基本思路。

①采用自上而下的分层结构设计。首先确定的是核心交换机的连接,其次是汇聚层交换机的连接,最后是接入层交换机的连接。

②把关键设备冗余连接在两台核心交换机上。要实现核心交换机负载均衡和冗余配置,最好对核心交换机之间、核心交换机与骨干层交换机之间、核心交换机与关键设备之间进行负载均衡以及冗余连接和配置。

③连接其他网络设备。把关键用户的工作站和大负荷网络打印机等设备连接在核心交换机或者汇聚层交换机的普通端口上;把工作负荷相对较小的普通工作站用户连接在接入层交换机上。

(3)设计步骤。

下面的设计步骤也是根据上述的基本设计思路展开的。

①确定核心交换机位置及主要设备连接。本示例中两台核心交换机是通过 SC 光纤端口进行负载均衡和冗余连接的,所以首先把两台交换机的 SC 端口用一条光纤电缆连接起来,然后把与核心交换机连接的服务器通过两块双绞线千兆位网卡与两台核心交换机进行冗余连接。本示例的连接如图 3-4 所示。

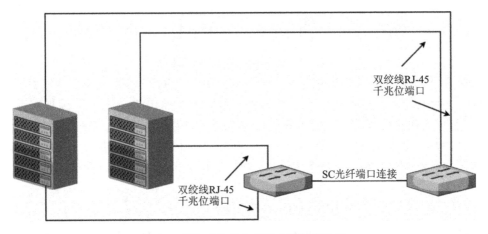

图 3-4 核心交换机位置及主要设备连接

②级联汇聚层交换机。通过普通双绞线,连接核心交换机与汇聚层交换机的千兆位端口,以实现扩展级联。当然,为了实现冗余连接,汇聚层的每台交换机都要与每台核心交换机分别连接。因为本示例中核心交换机和汇聚层交换机都有足够的双绞线 RJ-45 千兆位端口,可以满足冗余连接要求。然后把其他要与核心交换机连接的网络设备连接起来,如管理控制台、一些特殊应用工作站、负荷较重的网络打印机等。但要注意,每台交换机要留有两个以上备用端口。本示例连接如图 3-5 所示。

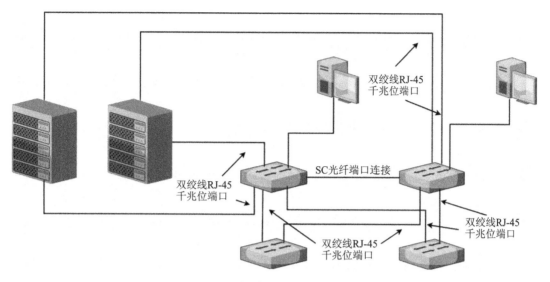

图 3-5　级联汇聚层交换机连接

③级联接入层交换机。通过普通的双绞线把接入层交换机与汇聚层交换机的 10/100Mbit/s 端口（因为已经没有千兆位端口了）对应级联起来，此处根据需要确定是否配置冗余连接。同时要把需要与汇聚层以及接入层交换机连接的其他网络设备与普通 10/100Mbit/s 端口连接起来。同样在汇聚层每台交换机上要留有两个以上备用端口。本示例连接如图 3-6 所示。这样，整个局域网部分就全部连接完成了。

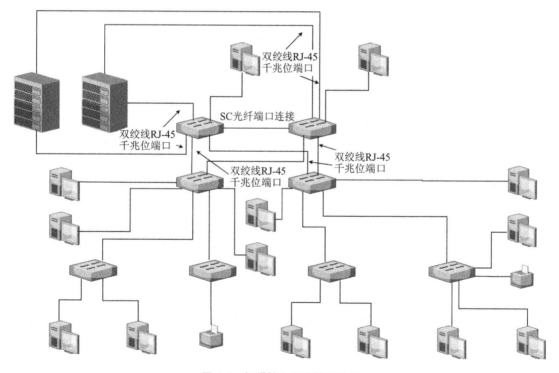

图 3-6　级联接入层交换机连接

（4）为了确保与外部网络之间的连接性能，通常与外部网络连接的防火墙或路由器是直接连接在核心交换机上的。如果同时有防火墙和路由器，则防火墙直接与核心交换机连接，而路由器直接与外部网络连接，因为路由器的 WAN 端口丰富。本示例连接如图 3-7 所示。

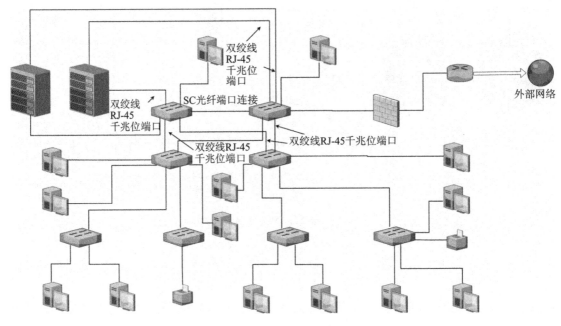

图 3-7　内网与外网的连接

此网络结构是一个典型、高效的企业局域网结构，适合 200 个用户左右的中大型企业局域网选用。网络中的冗余配置和负载均衡也是目前企业局域网中经常采用的，当然这要求核心交换机支持这两方面的技术，在选购时要充分考虑。在网络结构中没有特别标注的端口和传输介质类型都为普通的双绞线 RJ-45 10/100Mbit/s 端口。至于网络位置，如无特别，且各节点至交换机的距离都在规定的 100m 限制之内，则也可无须特别标注。

需要注意的是在绘制网络拓扑图时，需要遵循一些基本规范：

①网络图中不能出现循环路线，否则将使组成回路的工序永远不能结束。

②进入一个节点的箭线可以有多条，但相邻两个节点之间只能有一条箭线。

③在网络拓扑图中，除网络节点、终点外，其他各节点的前后都有箭线连接，即图中不能有缺口，使自网络始点起经由任何箭线都可以到达网络终点。

④箭线的首尾必须有事件，不允许从一条箭线的中间引出另一条箭线。

⑤各个网络设备之间通信线路的箭线要按照实际网络环境标出。

⑥图标大小、标示位置要合理，参照图 3-8。

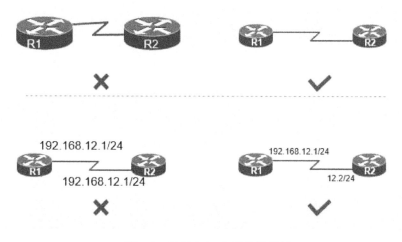

图 3-8　图标大小、标示位置示例

任务 3.3　IP 地址规划与子网划分

TCP/IP 体系结构中的网络层使用 IP 地址来标识网络中的每台设备,负责为数据分组选择路由。网络中的每台计算机、路由器、打印机以及任何其他设备都有独一无二的 IP 地址,用于路由数据分组。网络工程师在规划设计网络时,也需要根据网络实际需求,合理规划 IP 地址并在建网实施阶段配置在各网络设备上。合理规划 IP 地址可以减少 IP 地址分配浪费问题,减小路由表大小,从而提高网络转发效率,提升网络性能。

3.3.1　认识 IP 地址

IP 地址用于标识设备在网络中的具体位置,以便能够正确地将数据发送到这些地方。IP 地址涉及多个方面,其中包括 IP 地址的结构,特定路由选择用途的 IP 地址类,以及公共 IP 地址和私有 IP 地址。

了解 IP 地址的结构及其在网络中的作用有助于理解使用 TCP/IP 的第 3 层网络互连设备是如何传输数据的。为简化网络中分组选择路由的工作,TCP/IP 协议族使用一种 32 位的逻辑地址,即 IP 地址。在互连网络中,每台设备的 IP 地址都必须是独一无二的。

通过项目 2 的学习我们知道每个 IP 数据报都包含一个源 IP 地址和一个目标 IP 地址,它们分别标识了源主机和目标主机。

IP 地址是一种层次型地址,由两部分组成:左边的一些位是网络地址部分(网络 ID);右边的一些位是主机地址部分(主机 I)。

在公司互连网络中,每个 LAN 或 VLAN 都被视为一个网络,要连接到公司内部的主机,首先必须到达相应的 LAN 或 VLAN。每个 LAN 或 VLAN 都有独一无二的网络地址,网络中每台主机的网络地址都相同,但主机地址唯一地标识了每台主机。就像位于同一条路上的房子,它们的街道地址相同,但每个楼号是独一无二的。

图 3-9 是一种互联网编址方案。

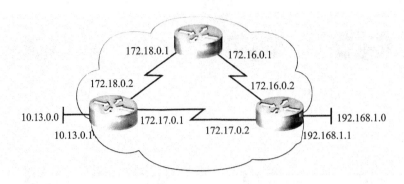

图 3-9 互联网编址方案

IP 地址长 32 位,从本质上说是二进制的,但被表示为方便阅读的格式:将 32 位分成 4 部分,每部分包含 8 位(1 字节);然后将每个字节转换为 0~255 的十进制数,并用句点将它们隔开。图 3-10 以 172.16.122.204 为例说明了 IP 地址的格式。

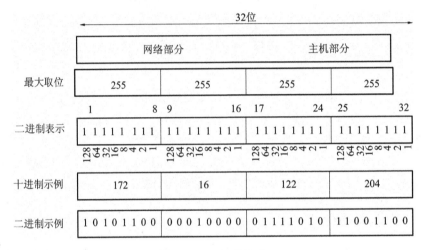

图 3-10 IP 地址格式

这种 IP 地址格式被称为点分十进制表示。图 3-10 也说明了如何将二进制地址转换为点分十进制地址。具体划分细则如下:

①范例地址:172.16.122.204。

②字节中的每一位都有对应的二进制权重(如 128、64、32、16、8、4、2 和 1),所有位皆为 1 时,总和为 255。

③一个字节的所有位皆为 0 时,对应的十进制值最小,为 0。

④一个字节的所有位皆为 1 时,对应的十进制值最大,为 255。

3.3.1.1 IP 地址分类

最初开发 IP 时,并没有对地址进行分类,因为当时认为,互连用于学术研究、军队的计算机时,254 个网络足够了。

随着网络数量的增加,IP 地址被划分成不同的类,以适应不同规模的网络并对其进行标识。图 3-11 说明了这些 IP 地址分类。

IP 地址分类被称为分类编址(classful addressing)。

	8位	8位	8位	8位
A类:	网络部分	主机部分	主机部分	主机部分
B类:	网络部分	网络部分	主机部分	主机部分
C类:	网络部分	网络部分	网络部分	主机部分
D类:	用于多播			
E类:	用于研究			

图 3-11 IP 地址分类

IP 地址可分为如下 5 类:

①A 类。A 类地址用于支持特大型网络,第 1 个字节表示网络地址,余下的 3 个字节表示主机地址。

A 类地址的第 1 位总是 0,因而能够表示的最小数为 00000000(十进制值 0),最大数为 01111111(十进制值 127)。不过,这两个网络号(0 和 127)都是预留的,不能用作网络地址。第 1 个字节的值为 1~126 的地址都是 A 类地址。

注意:地址 127.0.0.0 被预留给环回测试(路由器或本地机器可以使用这个地址将分组发送给自己),因此不能分配给网络。

②B 类。B 类地址用于支持大中型网络。B 类 IP 地址使用 4 个字节,其中 2 个字节表示网络地址,另外 2 个字节表示主机地址。

B 类地址第 1 个字节的前 2 位总是 10,余下的 6 位可以是 1,也可以是 0。因此,能够表示的最小数为 10000000(十进制值 128),最大数为 10111111(十进制值 191)。第 1 个字节的值为 128~191 的地址都是 B 类地址。

③C 类。C 类地址是最常用的地址类,用于支持大量的小型网络。

C 类地址以二进制数 110 开头,因此能够表示的最小数为 11000000(十进制值 192),最大数为 11011111(十进制值 223)。第 1 个字节的值为 192~223 的地址属于 C 类地址。

④D 类。D 类地址能够使用一个 IP 地址进行多播。多播地址是一个独一无二的网络地址,使用这种目标地址的分组将被发送给预先定义的 IP 地址组。因此,工作站可以同时将一个数据报流发送给多个接收方。

D 类地址与其他类地址一样,也受到数值方面的限制。D 类地址的前 4 位必须是 1110,因此其第 1 个字节的可能取值为 11100000~11101111(十进制值 224~239)。第 1 个字节的值为 224~239 的 IP 地址都属于 D 类地址。

如图 3-12 所示,D 类地址(多播地址)包括的网络号为 224.0.0.0~239.255.255.255。

位: 1   8 9   16 17   24 25   32

D 类地址 | 1110MMMM | 多播组 | 多播组 | 多播组 |

取值范围(224~239)

图 3-12 D 类地址(多播地址)

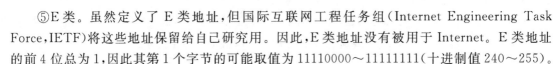

⑤E 类。虽然定义了 E 类地址,但国际互联网工程任务组(Internet Engineering Task Force,IETF)将这些地址保留给自己研究用。因此,E 类地址没有被用于 Internet。E 类地址的前 4 位总为 1,因此其第 1 个字节的可能取值为 11110000～11111111(十进制值 240～255)。

每类 IP 地址都被划分成网络地址(网络标识符、网络 ID)和主机地址(主机标识符、主机 ID),网络数和主机数随地址类而异。开头的一位或多位决定了地址的类别,如图 3-13 所示。

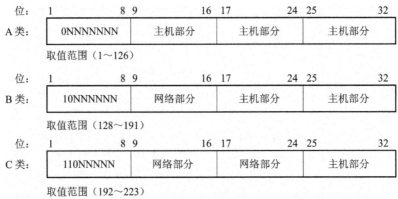

图 3-13　A 类、B 类、C 类网络地址划分

图 3-13 说明了第一个字节中位是如何标识地址类的。路由器根据前几位来确定地址中的网络部分(基于标准地址类)。表 3-1 描述了用于给网络设备编址的 A 类、B 类和 C 类地址的特征。

表 3-1　A 类、B 类、C 类地址特征

A 类地址	B 类地址	C 类地址
第 1 位为 0	前 2 位为 10	前 3 位为 110
网络号范围为 1.0.0.0～126.0.0.0	网络号范围为 128.0.0.0～191.255.0.0	网络号范围为 192.0.0.0～223.255.255.0
网络数为 127(1～126 可用,127 被保留)	网络数为 16384	网络数为 2097152
可容纳的主机数为 16777216*	可容纳的主机数为 65536*	可容纳的主机数为 256*

* 实际可容纳的主机数应减去 2,因为主机位不能全为 0,也不能全为 1。

3.3.1.2　网络地址和广播地址

有些 IP 地址被预留,不能分配给网络上的设备。这些预留的地址包括网络地址(用于标识网络本身)和广播地址(用于对网络上的所有设备广播分组)。

所有主机位都是 0 的 IP 地址是网络地址。以 A 类网络为例,10.0.0.0 是主机 10.1.2.3 所属网络的 IP 地址。路由器在 IP 路由表中查找目标网络的位置时,使用的是网络地址。以 B 类网络为例,IP 地址 172.16.0.0 是一个网络地址,如图 3-14 所示。

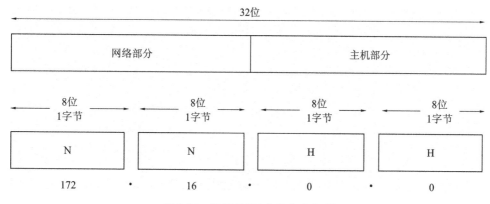

图 3-14　网络地址(主机位全为 0)

在 B 类网络地址中,指定了前 2 个字节包含的十进制数,后 2 个字节都是 0,因为这 16 位表示主机号,用于与网络相连的设备。在这个例子中,IP 地址 172.16.0.0 被预留,将被用作网络地址,不能用于与该网络相连的任何设备。网络 172.16.0.0 中某台设备的 IP 地址可能是 172.16.16.1,其中 172.16 是网络地址部分,16.1 是主机地址部分。要将数据发送给网络上所有的设备,需要使用广播地址。广播地址的主机位全为 1,如图 3-15 所示。

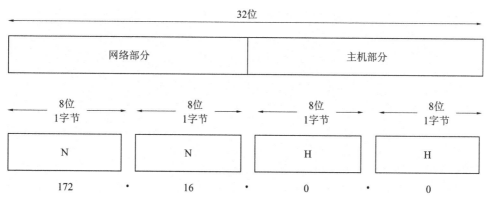

图 3-15　广播地址(主机位全为 1)

对于前一个例子中的网络(172.16.0.0),由于最后 16 位为主机部分,因此要将分组广播给网络中的所有设备,应使用目标地址 172.16.255.255。

网络广播也叫定向广播(directed broadcast),它能够被路由,因为路由表中的最长匹配与网络位匹配。由于主机位未知,因此路由器将广播从所有属于网络 172.16.0.0 的接口转发出去。定向广播可用于对路由型网络发起拒绝服务攻击。然而,这并非路由器的默认行为。

要与所有网络中的所有设备通信,IP 设备将目标地址设置为 255.255.255.255,然后传输分组。例如,当主机不知道自己的网络号,并希望某台服务器(如 RARP 服务器或 DHCP 服务器)告知时,可以使用上述地址。这种广播不能"不可路由",因为 RFC 1812 禁止转发全网(all network)广播。因此,全网广播被称为本地广播,因为它被限制在当前 LAN 或 VLAN 内。

IP 地址的网络部分也被称为网络 ID。网络 ID 很重要,因为只有同一个网络中的主机之间才能直接通信。要与其他网络中的设备通信,必须有能够在网络之间路由数据的第 3 层网络互连设备,即使设备位于同一条物理介质或 VLAN 上也是。

网络 ID 让路由器能够将分组转发到合适的网段,而主机 ID 让路由器能够将封装了分组的第 2 层帧递送给网络中特定的主机。因此,IP 地址被映射到 MAC 地址,路由器上的第 2 层进程根据 MAC 地址来递送帧。

存在一些关于在网络中分配 IP 地址的指导原则。首先,每台设备或接口都必须有一个非零的主机号。图 3-16 是一些分配了 IP 地址的设备和路由器。

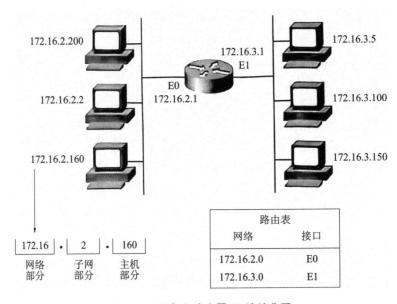

图 3-16 设备和路由器 IP 地址分配

每条线路都用网络地址标识。网络地址不是分配得到的,而是推断出来的。主机部分为 0 表示"当前网络"或"线路本身",如 172.16.0.0。路由器使用这种信息来标识网络。路由表中包含针对网络地址的条目,而不包含任何有关主机的信息。

根据类别确定网络部分后,便可以确定网络可容纳的主机数——余下地址位可能取值(0 或 1)总组合数减去 2。之所以要减去 2,是因为主机位全为 0 的地址表示网络地址,而主机位全为 1 的地址是广播地址。

计算主机数的公式如下:

$$主机数 = 2^N - 2(其中 N 是主机部分的位数)$$

图 3-17 以 B 类网络 172.16.0.0 为例,说明了如何计算主机地址数。在 B 类网络中,主机部分包含 16 位,根据公式 $2^N - 2$ 可知,可用的主机地址数为 $2^{16} - 2$,即 65534。

所有分类地址都只有一个网络部分和主机部分,因此互连网络中的路由器只需知道这是一个网络,而无须知道有关内部主机的详细信息。前往网络 172.16.0.0 的数据报都被同等对待,而不管目标地址的第 3 个字节和第 4 个字节的值是多少。

每类网络可容纳的主机数都是固定的。在 A 类网络中,第 1 个字节为网络号,其余 3 个字节为主机号。每个网络中的第一个主机地址(全为 0)都被预留,用作网络地址,而每个网络的最后一个主机地址(全为 1)则被预留用作广播地址。A 类网络最多可容纳 $2^{24} - 2$(减去网

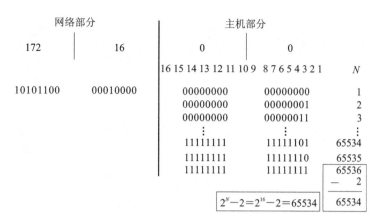

图 3-17 可用地址数计算

络地址和广播地址),即 16777214 台主机。在 B 类网络中,前 2 个字节是网络号,余下的 2 个字节是主机号。B 类网络中主机最多可达 $2^{16}-2$,即 65534 台。在 C 类网络中,前 3 个字节为网络号,余下的 1 个字节为主机号,因此主机最多为 2^8-2,即 254 台。

3.3.1.3 公共地址和私有地址

有些网络通过 Internet 彼此相连,而其他的网络是私有的。因此,对于这两种网络,需要分别使用公共 IP 地址和私有 IP 地址。本节比较这两种地址的用途和来源。

Internet 的稳定性直接取决于公共网络地址的唯一性。因此,需要使用一些机制来确保这些地址是唯一的。这项工作最初由国际互联网络信息中心(Internet Network Information Center,InterNIC)承担,它是互联网数字分配机构(The Internet Assigned Numbers Authority,IANA)的前身。IANA 管理余下的 IP 地址,确保公共地址不会重复。重复将导致 Internet 不稳定,重复的地址将削弱其将数据报传送给网络的能力。

要获得 IP 地址,必须与互联网服务提供商(Internet Service Provide,ISP)联系。ISP 将其上级注册机构或地区性注册机构分配给它的地址再分配给用户。这些注册机构如下:亚太互联网络信息中心(Asia-Pacific Network Information Center,APNIC)、美洲 Internet 地址注册局(American Registry for Internet Numbers,ARIN)、欧洲 IP 网络协调中心(The Réseaux IP Européens Network Coordination Center,RIPE NCC)。

随着 Internet 的快速发展,公共 IP 地址开始有逐渐被耗尽的趋势,因此人们开发了一些新的编址方案来解决这个问题,如无类别域间路由(classless inter-domain routing,CIDR)和 IPv6(IP 第 6 版)。

虽然 Internet 主机必须有全球唯一的 IP 地址,但不与 Internet 相连的私有主机可使用任意的合法地址,只要在私有网络中是唯一的就行。因为很多私有网络都存在于公共网络旁边,因此抢占公共网络的地址是不可取的。IETF 在 RFC 1918 中指定了将 3 块 IP 地址(即 1 个 A 类网络、16 个 B 类网络和 256 个 C 类网络),供私有、内部网络使用,如表 3-2 所示。这个范围内的地址不能在 Internet 骨干上路由,Internet 路由器一经发现 RFC 1918 中定义的私有地址,立刻将其丢弃。

表 3-2　可用私有地址

地址类	RFC 1918 指定的内部地址范围
A 类	10.0.0.0～10.255.255.255
B 类	172.16.0.0～172.31.255.255
C 类	192.168.0.0～192.168.255.255

如果要建立的是非公共内部网络,则可以使用这些私有地址,而不必使用全球唯一的地址。将使用私有地址的网络连接到 Internet 时,需要将私有地址转换为公共地址,这种转换被称为网络地址转换(network address translation,NAT)。执行 NAT 的网络设备通常是路由器。

3.3.1.4　地址耗尽

Internet 的使用需求增长导致需要大量的 IP 地址。我们来看一下 IPv4 地址数量与需求之间的关系。TCP/IP 于 20 世纪 80 年代首次出现时,依赖于二级编址方案;就当时而言,这种方案的可扩展性足够满足需求。遗憾的是,TCP/IP 设计者可能没有想到他们的协议要服务全球网络。后来 IPv4 提供了一种编址策略,尽管它一度是可扩展的,但最终地址分配仍低效。

A 类和 B 类地址在 IPv4 地址空间中占据了 75%,但只有较少的组织(不到 17000 家)可以被分配到 A 类或 B 类网络地址。C 类网络地址的数目比 A 类和 B 类地址数目多得多,但它们只占 IPv4 中可用地址的 12.5%。遗憾的是,C 类地址最多只能有 254 台主机,这无法满足不能获得 A 类或 B 类地址的大型组织的需求。

早在 1992 年,IETF 便认识到两个问题:

其一,B 类地址濒临耗尽,剩余的、未分配的 IPv4 网络地址即将耗尽。

其二,随着更多的 C 类网络连接到 Internet,Internet 体量迅速增大,新的网络信息潮对 Internet 路由器有效处理信息的能力构成了威胁。

在过去的 20 多年中,人们进行了大量的 IPv4 扩展,以改善 32 位地址空间的使用效率。

与此同时,一个更具可扩展性的 IP 版本 IPv6 已被开发出来。IPv6 地址为 128 位的二进制值——十六进制为 32 位。IPv6 提供了 3.4×10^{38} 个 IP 地址。这个 IP 版本提供了足够多的地址,能够满足未来的 Internet 增长需要。

经过多年的规划和发展,IPv6 正逐步在一些网络中实现。最终,IPv6 可能取代 IPv4,成为占据主导地位的 Internet 协议。

无类别域间路由是一种用于 Internet 的新型编址方案,它在 IP 地址分配方面比传统的 A 类、B 类和 C 类编址方案的效率更高。

CIDR 于 1993 年面世,1994 年得以部署。它通过以下方式极大地提高了 IPv4 的可扩展性和效率:

第一,用灵活性更高、损耗更少的无类方案代替分类编址。

第二,增强的路由聚合,也叫超网(supernetting)技术。随着 Internet 的不断发展,Internet 中的路由器需要巨大的存储表才能存储所有的路由选择信息。超网技术通过将多个路由选择信息条目合并为一个条目,不但缩小了路由器存储表,而且提高了查存储表的速度。

CIDR 网络地址类似于 192.168.54.0/23。

192.168.54.0 是网络地址，"/23"的意思是地址的前 23 位是网络部分，后 9 位表示主机地址。CIDR 的作用是将多个分类网络合并成一个更大的网络，这样可以减少 IP 路由表中的条目数量，让网络中包含更多的主机，而无须使用容量更大的分类网络地址。

使用 CIDR 方法时，如果所需的主机地址多于 254 个，可指定前缀"/23"，这样就不必浪费一个可支持 65534 台主机的 B 类地址。图 3-18 是一个 CIDR 使用示例——XYZ 公司向 ISP 请求地址块。ISP 对 XYZ 公司的需求进行评估，从自己的大型 CIDR 地址块中分配地址空间。CIDR 地址块地区性注册机构将地址块分配给政府部门、服务提供商、企业和组织。

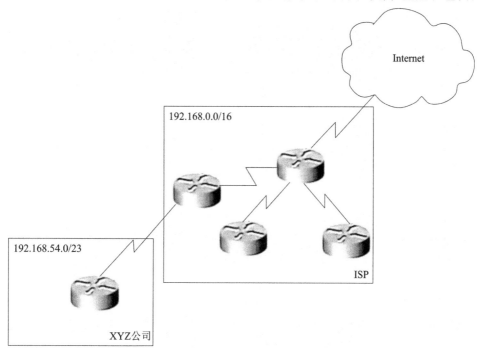

图 3-18 CIDR 使用示例

在这个例子中，ISP 拥有地址块 192.168.0.0/16。ISP 只向 Internet 宣告单个地址——192.168.0.0/16，虽然这个地址块实际上由很多 C 类网络组成。ISP 将大型地址块 192.168.0.0/16 中的小地址块 192.168.54.0/23 分配给 XYZ 公司，这样 XYZ 公司就拥有了一个最多能够容纳 $2^9 - 2$ 台，即 510 台主机的网络，XYZ 公司也可能将该网络划分为多个较小的子网。

ISP 承担了在无类系统中管理地址空间的责任。通过 ISP 地址空间管理系统，Internet 路由器只存储一条到提供商网络的汇总路由（超网路由），而提供商存储了更详细的到客户网络的路由。这大大地缩小了 Internet 路由表。

3.3.2 IP 子网划分

通过前面的学习我们知道使用分类编址限制了可供分配的网络数和主机数。IP 编址的一个重要特征是，能够将分类网络划分成更小的子网。在大多数互连网络中，子网划分都很普遍，它将网络地址空间划分成几部分。要划分子网，需要借用 IP 地址中主机部分的一些位，以创建子网地址。子网掩码指出了地址的哪些位属于网络部分，哪些位属于主机部分。

学习如何创建子网地址和子网掩码,可加深读者对 IP 编址以及 TCP/IP 环境中数据如何传输的认识,也是进行网络规划必不可少的环节。

图 3-19 是一个不包含子网的 B 类网络,其中的所有设备都位于同一个广播域中。

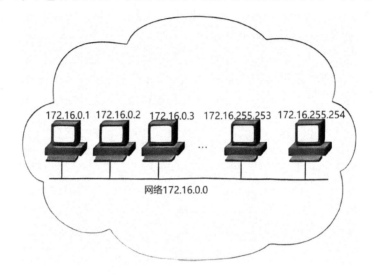

图 3-19   不包含子网的 B 类网络

采用图 3-19 所示的编址方案时,可使用交换机将网络划分成多个网段,以增加冲突域的数量,然而无法根据 IP 地址来区分网络中不同的网段。在不包含子网的网络中,只有一个大型广播域,所有系统都将接收网络中的广播。虽然使用交换机可将网络划分成多个网段,从而提高性能,但无法控制广播。这种配置可能导致网络整体性能低下,因为广播帧将被传播给网络中的所有设备。

在 126 个 A 类网络中,每个都可容纳 16777214 台主机。图 3-19 中所示的 B 类地址空间定义了一个可容纳 65534 台主机的网络。因此,需要采取某种方式将该网络划分成多个网段,而子网提供了一种给各个网段编址的方式。

3.3.2.1   子网地址

将网络划分成更小的子网可提高网络地址的使用效率。从外部看来,网络并没有变化;但在组织内部,增加了一个层。

在图 3-20 中,网络 172.16.0.0 被划分成 4 个子网:172.16.1.0、172.16.2.0、172.16.3.0 和 172.16.4.0,其中每个地址的第三个字节都被用作子网地址。路由器使用子网地址来确定目标网络,从而降低了其他网段上的流量。子网地址是网络号的扩展。网络管理员根据组织结构和扩容要求来决定子网的大小。

3.3.2.2   子网掩码

网络设备根据子网掩码来判断 IP 地址的网络地址、子网地址和主机地址,如图 3-21 所示。子网掩码是一个 32 位的值,其中值为 1 的位对应的是网络部分和子网部分,值为 0 的位对应的是主机部分。设备还能够确定分配给自己的 IP 地址的类别。子网掩码让设备能够知道子网 ID 和主机 ID 之间的边界在哪里。

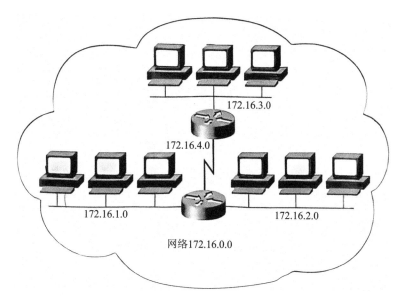

图 3-20 子网划分

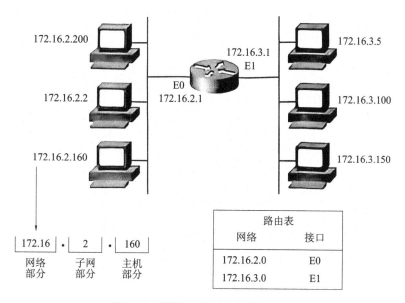

图 3-21 判断 IP 地址各部分的组成

注意：现在路由表使用子网号来标识每条线路。路由器和主机根据子网掩码（图 3-22）来确定子网地址。

子网位原本属于主机部分。子网掩码指出了有多少个主机位被用作子网位。子网掩码长32 位，被表示为 4 个十进制值。子网掩码中的每一位决定了应如何解释 IP 地址中相应的位：

1 表示 IP 地址中相应的位为网络位或子网位；

0 表示 IP 地址中相应的位为主机位。

对于网络 172.16.0.0，子网掩码 255.255.0.0，可以下述方式表示：

点分十进制：172.16.0.0 255.255.0.0；

前缀表示：172.16.0.0/16，其中 16 表示子网掩码中有 16 位的值为 1；

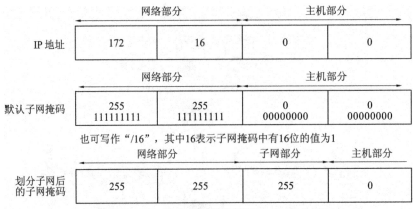

图 3-22 用子网掩码确定子网地址

十六进制:172.16.0.0 0xFFFF000。

可用于 IP 地址的子网掩码受到限制。图 3-23 说明了子网掩码中每个字节可能的取值。

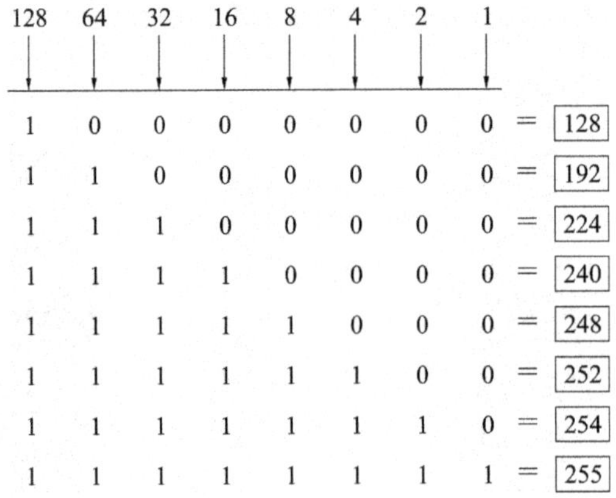

图 3-23 子网掩码各字节的取值

子网位来自主机部分的左边。要确定地址的子网掩码,将所有值为 1 的位对应的位置值相加即可,例如:

$$128+64+32=224$$

IP 主机(如 PC 和路由器)根据子网掩码来决定如何处理数据报。设备根据接口(或 NIC)的 IP 地址和子网掩码来确定该接口属于哪个子网(逻辑网络)。

IP 设备读取二进制的 IP 地址,将其与子网掩码进行逻辑 AND 运算,逻辑 AND 运算是一种布尔运算,用于进行二进制比较,运算规则如表 3-3 所示,以得到网络号。

表 3-3 逻辑 AND 的运算规则

AND 运算	0	1
0	0	0
1	0	1

子网掩码位为 1 时，AND 运算的结果与接口地址中相应位置的值相同，通过 AND 运算可以得到接口的网络 ID。设备使用网络 ID 来建立一个用于转发数据报的表。

路由器收到数据报后，查看目标地址，并在表中查找与目标地址匹配程度最高的网络 ID，然后将数据报从相应的接口发送出去。

未划分子网时，IP 地址的前几位决定了网络 ID。也就是说，如果分配给接口的是一个 B 类地址，设备根据前几位便可以知道网络 ID。因此，每类地址都有默认子网掩码，它指出了哪部分为网络号。例如，B 类地址的前 16 位为网络 ID，因此其默认子网掩码为 255.255.0.0。

在图 3-24 中，由于未划分子网，因此使用默认子网掩码来“提取”网络号，结果为 172.16.0.0。

网络部分
主机部分
172.16.2.160
10101100 00010000 00000010 10100000
255.255.0.0
11111111 11111111 00000000 00000000
10101100 00010000 00000000 00000000
网络号
172 16 0 0
未划分子网

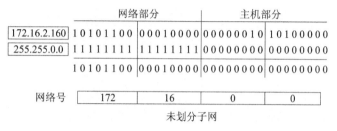

图 3-24　默认子网掩码提取网络号

在图 3-25 中，8 个主机位被用作子网位，因此子网掩码中的 1 增加了 8 个。子网部分表示网络中的子网。这样“提取”网络(子网)号为 172.16.2.0。

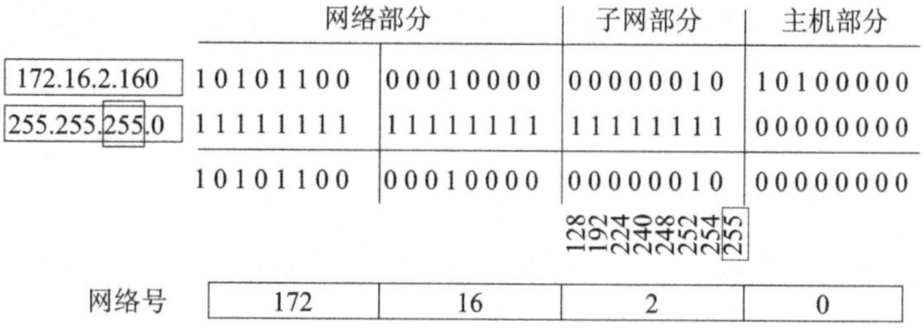

网络部分
子网部分
主机部分
172.16.2.160
10101100 00010000 00000010 10100000
255.255.255.0
11111111 11111111 11111111 00000000
10101100 00010000 00000010 00000000
128 192 224 240 248 252 254 255
网络号
172 16 2 0

图 3-25　划分子网后提取网络(子网)号

子网部分和主机部分的边界并非必须与字节边界重合，也可以位于字节内。在图 3-26 中，将 10 个主机位用作子网位，主机部分只余下 6 位。

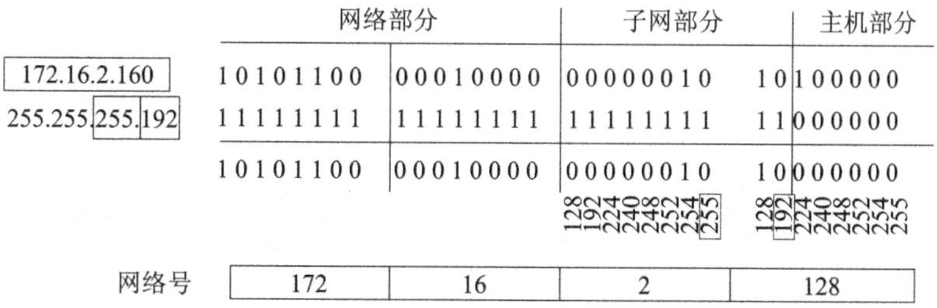

网络部分
子网部分
主机部分
172.16.2.160
10101100 00010000 00000010 10100000
255.255.255.192
11111111 11111111 11111111 11000000
10101100 00010000 00000010 10000000
128 192 224 240 248 252 254 255
128 192 224 240 248 252 254 255
网络号
172 16 2 128

图 3-26　子网位与字节不重合

在互连网络中，同一个网络(子网)中所有设备的网络(子网)地址都相同，但每台设备的地址仍是独一无二的。有时候，同时与网络中的所有设备甚至所有网络通信很有用，广播地址是一种特殊的地址，用于同时与一组设备通信。

3.3.2.3 广播

第 3 层网络互连设备不传播本地(泛洪)广播(255.255.255.255),这种广播被视为 VLAN 或 LAN 的本地广播。第 3 层设备支持并转发定向广播。定向广播地址的主机部分全为 1。

可以将消息广播给网络中一个子网。要将消息广播给一个子网中的所有主机,可使用主机部分全为 1 的地址。例如,要将消息发送给网络 172.16 中子网 3 的所有主机,可使用地址 172.16.3.255。

还可以将消息广播给网络中所有子网的所有主机。为此,可将地址的主机部分和子网部分全部设置为 1。如图 3-27 所示,要将消息发送给网络 172.16 中所有子网的所有主机,可使用地址 172.16.255.255。

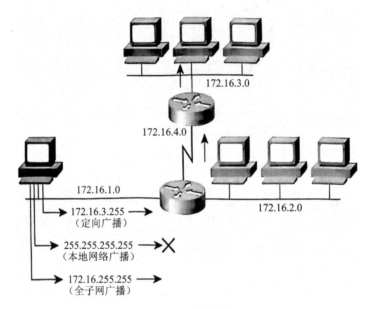

图 3-27 广播地址

3.3.3 计算地址空间

给定一个主机地址和子网掩码,可以图 3-28 所示的步骤来确定子网地址、广播地址以及第一个和最后一个可用的地址(计算这些地址的方法有很多,这只是其中的一种),最后可计算网络的地址空间。

对图 3-28 中的步骤解释如下:

第①步:用二进制格式表示主机地址。

第②步:用二进制格式表示子网掩码。

第③步:在子网掩码中最后一个 1 后面画一条竖线。

第④步:在接下来的一行中,将竖线右边的位全部设置为 0,这是子网地址。

第⑤步:在接下来的一行中,将竖线右边的位全部设置为 1,这是广播地址。

	172	16	2	160	
				③	
172.16.2.160	10101100	00010000	00000010	10|100000	主机地址①
	11111111	11111111	11111111	11|000000	子网掩码②
⑧ 255.255.255.192 ⑨					
172.16.2.128	10101100	00010000	00000010	10|000000	子网地址④
172.16.2.191	10101100	00010000	00000010	10|111111	广播地址⑤
172.16.2.129	10101100	00010000	00000010	10|000001	第一个可用主机地址⑥
172.16.2.190	10101100	00010000	00000010	10|111110	最后一个可用主机地址⑦

图 3-28　计算地址空间

第⑥步：在接下来的一行中,将竖线右边的位依次设置为 0,到达最后一位时将其设置为 1,这是第一个可用的主机地址。

第⑦步：在接下来的一行中,将竖线右边的位依次设置为 1,到达最后一位时将其设置为 0,这是最后一个可用的主机地址。

第⑧步：在最后 4 行的竖线左边,复制第①步写下的竖线左边的内容。

第⑨步：将最后 4 行转换为点分十进制表示。

图 3-29 演示了如何使用这种方法根据 IP 主机地址 172.16.2.121 和子网掩码 255.255.255.0 计算出子网地址、广播地址,以及第一个和最后一个主机地址。

IP 主机地址：172.16.2.121
子网掩码：255.255.255.0

	网络部分	网络部分	子网部分	主机部分
172.16.2.121:	10101100	00010000	00000010	01111001
255.255.255.0:	11111111	11111111	11111111	00000000
子网地址:	10101100	00010000	00000010	00000000
广播地址:	10101100	00010000	00000010	11111111

子网地址＝172.16.2.0
主机地址＝172.16.2.1～172.16.2.254
广播地址＝172.16.2.255
子网部分长 8 位

图 3-29　计算子网地址等

该网络使用 8 位来划分子网,因此包含 254 个子网,其中每个子网最多可容纳 254 台主机。表 3-4 说明了子网掩码如何划分 IP 网络以及使用各种子网掩码时可用的子网数和主机数。

表 3-4　子网部分长度及子网划分

子网部分的长度(位)	子网掩码	子网数	主机数
2	255.255.192.0	4	16382
3	255.255.224.0	8	8190
4	255.255.240.0	16	4094
5	255.255.248.0	32	2046
6	255.255.252.0	64	1022
7	255.255.254.0	128	510
8	255.255.255.0	256	254
9	255.255.255.128	512	126
10	255.255.255.192	1024	62
11	255.255.255.224	2048	30
12	255.255.255.240	4096	14
13	255.255.255.248	8192	6
14	255.255.255.252	16384	2

3.3.4　子网划分案例

对于图 3-30 所示的网络,分配了一个 C 类地址 192.168.5.0。假设需要 20 个子网,每个子网容纳 5 台主机。请确定如何将最后一个字节划分为子网部分和主机部分以及应使用的子网掩码。

优先选择子网字段的长度,以提供足够数量的子网。在这个例子中,将子网部分的长度设置为 5 位可满足提供 20 个子网,每个子网 5 台主机的要求。所有子网的地址都是 8 的倍数,如 192.168.5.16、192.168.5.32 和 192.168.5.48。这是因为每个子网有 8 个地址,其中包括子网地址和广播地址,因此每个子网号都比前一个大 8。

最后一个字节中余下的位被用作主机字段。这里为 3 位,这足以满足每个子网 5 台主机的要求。主机号为 1、2、3、4、5、6 和 7 为子网的广播地址,而下一个网络的地址为 8。

最后一个主机地址为网络/子网号加上主机数。在子网 192.168.5.16 中,主机地址为 192.168.5.17、192.168.5.18、192.168.5.19、192.168.5.20、192.168.5.21 和 192.168.5.22。主机号 0 被保留,用于表示子网地址;另外主机部分全为 1 的地址也被保留,因为它表示子网中的所有主机——广播地址。

正如前面讨论的,根据 IP 设备的地址和子网掩码,可以推断出它属于哪个子网。然后将条目加入路由表中,将该子网与接口关联起来。子网号通常是规划阶段确定的,图 3-31 所示为根据 IP 主机地址 192.168.5.121 和子网掩码 255.255.255.248 推断出子网地址、广播地址以及第一个和最后一个主机地址。

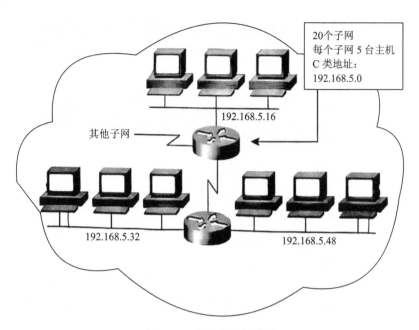

图 3-30　子网划分拓扑图

IP 主机地址：192.168.5.121
子网掩码：255.255.255.248

	网络部分	网络部分	网络部分	子网部分	主机部分
192.168.5.121:	11000000	10101000	00000101	01111	001
255.255.255.248:	11111111	11111111	11111111	11111	000
子网地址:	11000000	10101000	00000101	01111	000
广播地址:	11000000	10101000	00000101	01111	111

子网地址＝192.168.5.120
主机地址＝192.168.5.121～192.168.5.126
广播地址＝192.168.5.127
子网部分长 5 位

图 3-31　子网推断

项目实训　绘制网络拓扑图

1. 任务背景

某公司正在招聘办公人员，需要了解应聘人员是否具备基本的计算机知识和技能，要求其在指定的时间内，利用绘图工具绘制网络拓扑图。

2.需求分析

自行下载 Diagrams 免费版,免费版虽然功能相对简单,但是完全能满足绘制网络拓扑图的需求。可在其官网下载,也可以直接使用网页版。

3.实施步骤

(1)进入 Diagrams 官网,如图 3-32 所示,可以根据需求下载合适的版本,如图 3-33 所示。

图 3-32　Diagrams 官网

draw.io-21.6.1-windows-installer.exe	99.3 MB	last week
draw.io-21.6.1-windows-installer.exe.blockmap	107 KB	last week
draw.io-21.6.1-windows-no-installer.exe	99.1 MB	last week
draw.io-21.6.1.msi	131 MB	last week
draw.io-arm64-21.6.1.dmg	147 MB	last week
draw.io-arm64-21.6.1.dmg.blockmap	157 KB	last week
draw.io-arm64-21.6.1.zip	142 MB	last week
draw.io-arm64-21.6.1.zip.blockmap	153 KB	last week
draw.io-ia32-21.6.1-windows-32bit-installer.exe	95.5 MB	last week
draw.io-ia32-21.6.1-windows-32bit-installer.exe.blockmap	103 KB	last week
draw.io-ia32-21.6.1-windows-32bit-no-installer.exe	95.3 MB	last week
draw.io-universal-21.6.1.dmg	218 MB	last week
draw.io-universal-21.6.1.dmg.blockmap	233 KB	last week
draw.io-x64-21.6.1.dmg	152 MB	last week
draw.io-x64-21.6.1.dmg.blockmap	162 KB	last week
draw.io-x64-21.6.1.zip	147 MB	last week

图 3-33　版本选择页面

(2)双击鼠标左键打开软件,创建新绘图,如图 3-34 所示。单击界面左下角的"＋更多图形"按钮,以添加模板库中的表示网络设备的图标,如图 3-35 所示。选择所需的图标,如图 3-36 所示。

(3)绘制网络拓扑图。下面以绘制星型拓扑图为例展开介绍。在左侧的工具栏中分别选择网络图标和连接线,绘制网络拓扑图,如图 3-37 所示。

图 3-34 创建新绘图界面

图 3-35 绘图界面

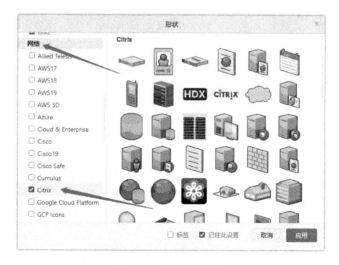

图 3-36 选择图标界面

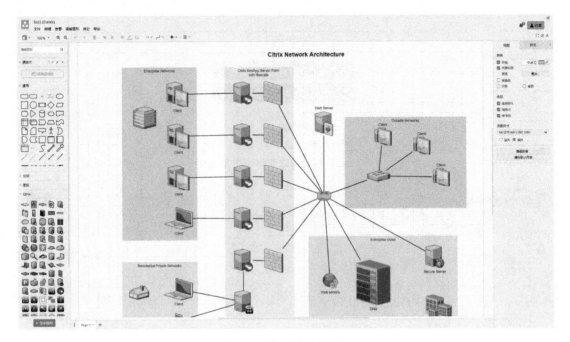

图 3-37　绘制网络拓扑图

任务工作单 3-1　绘制网络拓扑图

1.任务目的

掌握绘图工具的使用方法,并且通过绘制网络拓扑图,熟悉常见的网络图标,进一步强化对拓扑图结构的理解,了解任务报告的撰写规范。具体包括以下几点:

(1)能利用标准库绘制网络拓扑图;

(2)能将绘制的网络拓扑图嵌入 Word 文档中;

(3)掌握撰写任务报告的基本规范

2.任务要求

(1)安装绘图工具,熟悉其基本功能。

(2)体验绘图的常用操作,包括对象的移动和复制,以及连接、对齐、绘制直线、插入 word 文档中等。

(3)按照图 3-38 和图 3-39 所示原样绘制,带文字注释

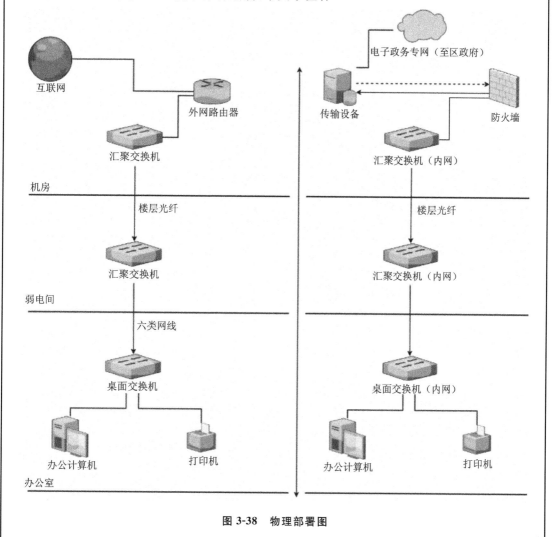

图 3-38　物理部署图

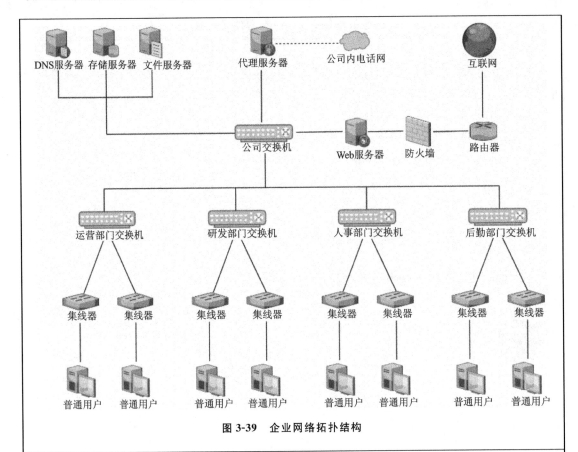

图 3-39　企业网络拓扑结构

3.讨论

(1)在软件安装过程中,需要注意什么?

(2)常见的网络拓扑图结构的优点和缺点分别是什么?

4.网络拓扑图绘制报告

学习评价表 3-1　绘制网络拓扑图

评价日期：　　　　　　　　　　　　　　　　　　　　　　　　成绩：

考核项目	考核要求	评分标准	分值	自评(40%)	师评(60%)	总评得分
能力目标	(1)安装绘图工具。 (2)绘制任务要求的网络拓扑图。 (3)撰写完整的任务报告	(1)正确绘制的两个网络拓扑图。(40分) (2)任务报告的格式规范,讨论总结合理,内容翔实(30分)	70分			
素质目标	纪律表现	无迟到、早退或中途无故离开实训室等现象;尊重老师,团结同学(5分)	30分			
	爱护设备、保护机房环境	安全、正确地操作设备;保持座位周围整洁,不乱扔垃圾;离开实训室时将设备、配件和桌椅放回原位,且摆放整齐(5分)				
	沟通及表达	能够清晰、系统地描述任务目标、实施过程、注意事项和心得体会等(5分)				
	严谨认真、诚实守信、精益求精	在完成任务的过程中,严谨认真,诚实守信,不抄袭、不窃取他人成果;对任务精益求精,高质量地提交成果(10分)				
	总结与反思	思维活跃,积极互动,总结并反思问题与收获,正确评价(5分)				

项目 4　组建局域网

◆ **项目描述**

项目 3 我们学习了校园网的组成及网络地址的规划,现在你是不是想自己动手组建一个局域网呢?本项目将学习局域网相关知识,主要内容包括局域网的基本概念、局域网的参考模型、局域网的标准、办公室局域网及家庭无线局域网的组建方法等。

◆ **学习目标**

知识目标:

(1)了解局域网的概念及特点;

(2)了解局域网的参考模型;

(3)掌握局域网的介质访问控制方法;

(4)掌握常见局域网类型;

(5)掌握家庭无线局域网组建技术。

技能目标:

(1)能够用模拟器组建和维护局域网;

(2)能够用模拟器组建和配置无线局域网。

素养目标:

(1)具备运用所学知识解决实际问题的能力;

(2)培养认真仔细的做事态度;

(3)培养团结协作的精神。

任务 4.1　组建办公室局域网

4.1.1　局域网的概念及特点

局域网是指在一个小范围内(一般不超过 10km)将各种通信设备连接在一起,实现资源共享和信息交换的计算机网络。从功能的角度来看,局域网具有以下特点:

(1)共享传输信道。在局域网中,多个系统连接到一个共享的通信媒体上。

（2）地理范围有限，用户个数有限。通常局域网仅为一个单位服务，只在一个相对独立的局部范围内联网，如一座楼或集中的建筑群内。一般来说，局域网的覆盖范围为 0.01～10km。

（3）传输速率高。共享局域网的传输速率通常为 1～100Mbit/s，交换式局域网的传输速率目前最高达到 1Gbit/s，支持高速数据通信，所以时延较小。

（4）误码率低。局域网的传输方式通常为基带传输，并且传输距离短，故误码率低，一般在 10^{-11}～10^{-8} 范围内。

（5）局域网通常属于某一个单位，被一个单位或部门控制、管理和应用。

（6）便于安装、维护和扩充，建网成本低、周期短。

4.1.2　局域网的参考模型

IEEE 802 局域网/城域网标准化委员会（LAN/MAN Standards Committee，LMSC）主要研究解决一个局部范围内的计算机的组网问题，因此研究者只需要解决 OSI 七层网络体系结构参考模型中数据链路层与物理层之间的问题。OSI 七层网络体系结构参考模型和局域网参考模型的对比如图 4-1 所示。

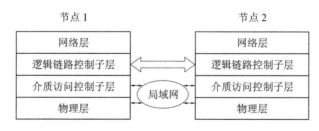

图 4-1　OSI 七层网络体系结构参考模型和局域网参考模型的对比

局域网只涉及通信子网的功能，即同一个网络节点与节点之间的物理层和数据链路层。数据链路层分为介质访问控制（medium access control，MAC）子层和逻辑链路控制（logical link control，LLC）子层，如图 4-2 所示。

图 4-2　数据链路层的两个子层

4.1.2.1　物理层

物理层：定义了为传输数据所需要的物理链路的创建、维持、拆除而提供机械的、电子的、功能的和规范的特性。物理层确保原始数据在各种物理媒体上传输，涉及在通信线路上传输的二进制比特流。

4.1.2.2 数据链路层

数据链路层在物理层提供服务的基础上向网络层提供服务,其最基本的服务是将来自物理层的数据可靠地传输到相邻节点的目标主机网络层。

(1)逻辑链路控制子层。逻辑链路控制子层为上层协议提供 SAP 服务访问点,并为数据加上控制信息,其协议为 IEEE 802.2,为以太网和令牌环网提供通用功能。

(2)介质访问控制子层。介质访问控制子层负责 MAC 寻址和定义介质访问控制方法。不同局域网在介质访问控制子层和物理层之间可采用不同的协议,而在逻辑链路控制子层和物理层之间必须采用相同的协议。逻辑链路控制子层与底层具体采用的传输介质、介质访问控制方法无关。

4.1.3 IEEE 802 标准

IEEE 802 标准是局域网/城域网标准化委员会提出的,致力于研究局域网/城域网的物理层和 MAC 层中定义的服务和协议,对应 OSI 参考模型的最低两层(物理层和数据链路层)。IEEE 于 1980 年 2 月成立了 IEEE 802 委员会,专门研究和指定有关局域网的各种标准。IEEE 802 标准的大部分是在 20 世纪 80 年代由 IEEE 802 委员会制定的,当时个人计算机联网刚刚兴起。随着网络技术的不断进步,IEEE 802 委员会扩充和制定了不少新的标准,IEEE 802 家族越来越庞大,成员越来越多,广泛应用于以太网、令牌环网、无线局域网等。IEEE 802 标准内部关系如图 4-3 所示。

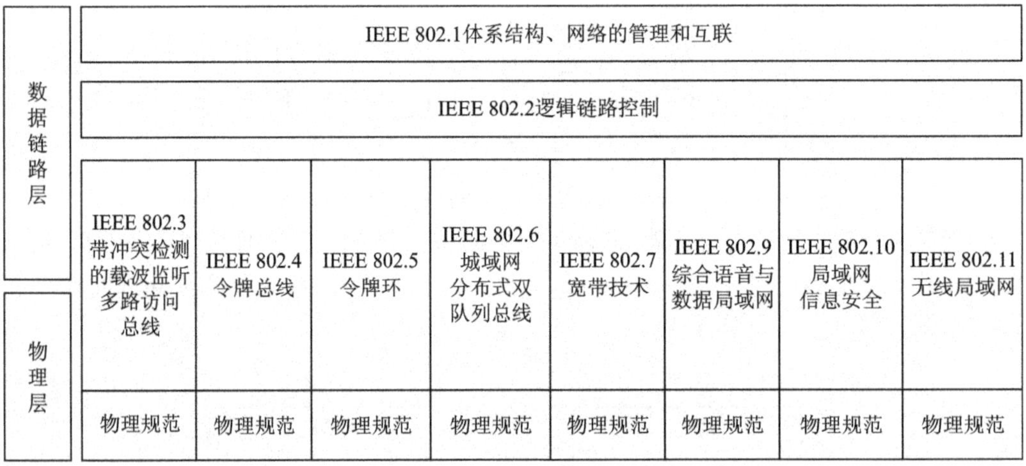

数据链路层	IEEE 802.1体系结构、网络的管理和互联							
	IEEE 802.2逻辑链路控制							
	IEEE 802.3 带冲突检测的载波监听多路访问总线	IEEE 802.4 令牌总线	IEEE 802.5 令牌环	IEEE 802.6 城域网分布式双队列总线	IEEE 802.7 宽带技术	IEEE 802.9 综合语音与数据局域网	IEEE 802.10 局域网信息安全	IEEE 802.11 无线局域网
物理层	物理规范	物理规范	物理规范	物理规范	物理规范	物理规范	物理规范	物理规范

图 4-3 IEEE 802 标准

IEEE 802 系列标准如下:

IEEE 802.1 标准:定义了局域网体系结构、网络互联及网络管理与性能测试。

IEEE 802.2 标准:定义了逻辑链路控制子层的功能和服务。

IEEE 802.3 标准:定义了带冲突检测的载波监听多路访问总线(CSMA/CD)介质访问控制子层与物理层规范。

IEEE 802.4 标准:定义了令牌总线(token bus)介质访问控制子层与物理层规范。

IEEE 802.5 标准:定义了令牌环(token ring)介质访问控制子层与物理层规范。

IEEE 802.6 标准：定义了城域网分布式双队列总线（DQDB）介质访问控制子层与物理层规范。

IEEE 802.7 标准：定义了宽带网络规范。

IEEE 802.8 标准：定义了光纤传输规范。

IEEE 802.9 标准：定义了综合语音与数据局域网（IVD LAN）规范。

IEEE 802.10 标准：定义了可互操作的局域网安全性规范（SILS）。

IEEE 802.11 标准：定义了无线局域网规范。

IEEE 802.12 标准：定义了 100VG-Any LAN 规范。

IEEE 802.13 标准：定义了有线电视的技术规范。

IEEE 802.14 标准：定义了电缆调制解调器标准。

IEEE 802.15 标准：定义了近距离个人无线网络标准。

IEEE 802.16. 标准：定义了宽带无线城域网标准。

IEEE 802.17 标准：定义了弹性分组环（resilient packet ring）技术规范。

IEEE 802.18 标准：定义了无线管制（radio regulatory）技术规范。

IEEE 802.19 标准：定义了共存（coexistence）技术规范。

IEEE 802.20 标准：定义了移动宽带无线接入（mobile broadband wireless access，MB-WA）技术规范。

IEEE 802.21 标准：定义了媒质无关切换（media independent handoff，MIH）技术规范。

4.1.4　局域网的介质访问控制方法

在局域网中，一条传输介质上经常连有多台计算机，如总线局域网和环形局域网，大家共享一条传输介质，而一条传输介质在某一时间内只能被一台计算机使用，那么在某一时刻会出现冲突现象。总线局域网中的冲突现象如图 4-4 所示。为了避免这样的冲突，就需要有一个共同遵守的方法或原则来控制、协调各计算机对传输介质的同时访问，这就是协议或称为介质访问控制方法。

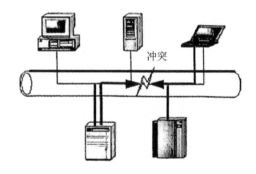

图 4-4　总线局域网中的冲突现象

计算机局域网常用的介质访问控制方法有三种：带冲突检测的载波监听多路访问法、令牌环访问控制法、令牌总线访问控制法，用于不同的拓扑结构。

4.1.4.1　带冲突检测的载波监听多路访问法

最早的 CSMA 方法起源于美国夏威夷大学的 ALOHA 广播分组网络。1980 年美国 DEC(数字设备公司)、Intel(英特尔)和 Xerox(施乐)公司联合宣布 Ethernet 采用 CSMA 技术,并增加了冲突检测功能,称为 CSMA/CD,是 IEEE 802.3 标准。这种方法适用于总线拓扑结构和树型拓扑结构,主要解决如何共享一条公用广播传输介质的问题。其原理是,在网络中,任何一个工作站在发送信息前,都要监听网络中有无其他工作站在发送信号,如无则立即发送,如有(信道被占用)则此工作站要等一段时间才能争取发送权。等待时间由两种方法确定:一种是某工作站检测到信道被占用后,继续检测直到信道空闲;另一种是某工作站检测到信道被占用后,等待一个随机时间再进行检测,直到信道空闲后再发送。

CSMA/CD 要解决的一个主要问题是如何检测冲突。当网络处于空闲的某一瞬间,有两个或两个以上工作站要同时发送信息时,同步发送的信号就会引起冲突,现由 IEEE 802.3 标准确定的 CSMA/CD 检测冲突的方法是:当一个工作站开始占用信道发送信息时,用冲突检测器继续对网络检测一段时间,即一边发送,一边监听,把发送的信息与监听的信息进行比较,如果结果一致,则说明发送正常,抢占总线成功,可继续发送;如果结果不一致,则说明有冲突,应立即停止发送,等待一个随机时间,再重复上述过程进行发送。

综上,CSMA/CD 的工作原理可以概括为:先听后说,边听边说;一旦冲突,立即停说;等待时机,稍后再说(听即监听、检测,说即发送数据)。

CSMA/CD 可以减少冲突,但不能从根本上消除冲突,其工作流程如图 4-5 所示。

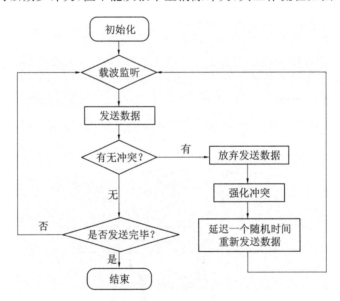

图 4-5　CSMA/CD 工作流程

(1)想发送信息包的站要确保现在没有其他节点和站在使用共享介质,所以该站首先要监听信道上的动静(先听后说)。

(2)如果信道在一定时间段内毫无动静,该站就开始传输。

(3)如果信道一直很忙碌,就一直监听信道,直到出现最小的 IFG(interframe gap,帧间距)时段时,该站开始发送数据。

(4)如果两个站或更多的站都在监听和等待发送,然后在信道空闲时同时决定立即开始发送数据,此时就发生碰撞。这一事件会导致冲突,并使双方信息包都受到损坏,因此以太网在传输信息过程中不断地监听信道,以检测碰撞冲突。

(5)如果一个站在传输期间检测出碰撞冲突,则立即停止该次传输,并向信道发出一个"拥挤"信号,以确保所有其他站也发现该冲突,从而摒弃可能一直在接收的受损的信息包。

(6)在等待一段时间后,想发送的站试图进行新的发送。一种特殊的随机后退算法决定了不同的站在试图再次发送数据前要等待一段时间。

CSMA/CD 的优点是原理比较简单,技术易实现,网络中各工作站处于平等地位,不需要集中控制,不提供优先级控制。但在网络负载增大时,发送时间增长,发送效率急剧下降。

4.1.4.2　令牌环访问控制法

IEEE 802.5 标准协议规定了令牌环访问控制法和物理层技术规范,采用 IEEE 802.5 标准协议的网络称为令牌环网。令牌环访问控制法是在 1984 年由 IBM 公司推出来的,后来由 IEEE 将其确定为国际标准,即 IEEE 802.5 标准。

令牌环访问控制法只适用于环型拓扑结构的局域网。其主要原理是使用一个称为令牌的控制标志(令牌是一个二进制字节,由"空闲"与"忙"两种编码标志来实现,无目的地址和源地址),当无信息在环上传输时,令牌处于"空闲"状态,它沿环从一个工作站到另一个工作站不停地进行传输。当某个工作站准备发送信息时,就必须等待,直到检测并捕获到经过该站的令牌为止,随后将令牌的控制标志从"空闲"状态变为"忙"状态,并发送出一帧信息。其他的工作站随时检测经过本站的帧,当发送帧的目的地址与本站地址相符时,就接收该帧,待复制完毕再转发该帧,直到该帧沿环一周返回发送站,并收到接收站指向发送站的肯定应答信息时,才将发送的帧信息进行清除,并使令牌标志处于"空闲"状态,继续插入环中。当另一个新的工作站需要发送数据时,按前述过程,检测到令牌,修改状态,把信息装配成帧,进行新一轮的发送。

从以上描述可以看出,令牌环网中的数据传输过程主要包括三个步骤:

(1)捕获令牌并发送数据帧。

(2)接收和转发数据帧。

(3)撤销数据帧并释放令牌。

令牌环访问控制法的优点是能提供优先权服务,有很强的实时性,在重负载环路中,令牌以循环方式工作,效率较高。其缺点是控制电路较复杂,令牌容易丢失。但 IBM 公司近年来采用令牌环访问控制法的令牌环网的实用性已大大增强。

下面用一个具体的例子说明令牌环网的工作过程。假设此例中站点 A、B 均有数据帧要发送,它们分别要被发送到站点 C 和 D。

数据传输过程如图 4-6 所示,其中共有 4 个站点,当环路空闲时,令牌一直绕环运行。当站点 A 捕获到令牌 T 后,首先向环上发送一个数据帧 F1,紧跟着释放令牌 T,数据帧 F1 的目的地址是站点 C;站点 B 先转发站点 A 的数据帧,在捕获到由站点 A 发出的令牌 T 后,因其有数据要求发送,于是将令牌 T 吸收,同时发送一个数据帧 F2(数据帧 F2 发往站点 D),再将令牌 T 释放回环上;站点 C 在接收到数据帧后,将属于自己的数据帧 F1 复制下来,并把数据帧 F1、F2 转发到站点 D;站点 D 接收到数据帧后,先转发数据帧 F1,再复制数据帧 F2,并将数据帧 F2 转发至站点 A;站点 A 接收到数据帧后,先将数据帧 F1 吸收,再将后面的数据帧 F2 转发给站点 B;站点 B 接收到数据帧 F2 后,把它从环上删除,但令牌 T 仍然放回环上继续绕行。

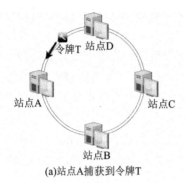

(a)站点A捕获到令牌T

(b)站点A向站点C发送一个数据帧F1

(c)站点A发送完数据帧F1后释放令牌T

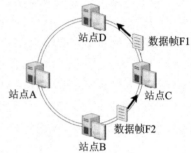

(d)站点B捕获到令牌T，向站点D发送一个数据帧F2，站点C接收到数据帧F1

(e)站点B释放令牌T，站点D接收到数据帧F2，站点A接收到数据帧F1并把它删除

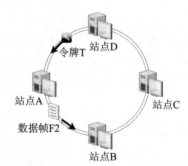

(f)站点B接收到数据帧F2并把它删除

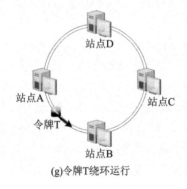

(g)令牌T绕环运行

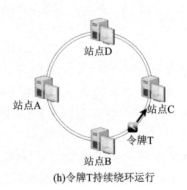

(h)令牌T持续绕环运行

图 4-6　令牌环网数据传输过程

4.1.4.3　令牌总线访问控制法

采用 IEEE 802.4 标准协议的网络是令牌总线网,IEEE 802.4 标准协议规定了令牌总线访问控制法和物理层技术规范。

令牌总线主要用于总线或树型网络结构中。令牌总线访问控制法将局域网物理总线的站点构成一个逻辑环,每一个站点都在一个有序的序列中被指定一个逻辑位置,序列中最后一个站点的后面跟着第一个站点,每个站点都知道在它之前的前趋站和在它之后的后继站标识。

令牌总线网如图 4-7 所示。从图中可以看出,在物理结构上令牌总线网是一个总线结构局域网,但是在逻辑结构上形成了一种环形结构的局域网,与令牌环网一样,站点只有取得令牌,才能发送帧,而令牌在逻辑环上依照 1→3→5→7→8→6→4→2→1 的顺序循环传输。

在正常运行时,当站点做完该做的工作时,它将令牌传输给逻辑序列中的下一个站点。从逻辑上看,令牌按地址的递减顺序传输至下一个站点,但从物理上看,带有目的地址的令牌帧会广播到总线上所有的站点,当目的站点识别出符合它的地址时,即接收该令牌帧。应该指出,总线上站点的实际顺序与逻辑顺序并无对应关系。

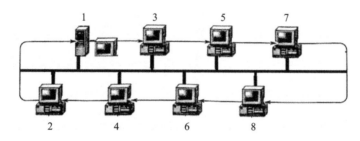

图 4-7　令牌总线网

只有收到令牌帧的站点才能将信息帧送到总线上,信息是双向传输的,每个站点都可检测到其他站点发出的信息。在传输令牌时,都要加上目的地址,所以只有检测并得到令牌的工作站才能发送信息。令牌总线访问控制法不同于 CSMA/CD,可在总线和树型结构中避免冲突。由于令牌总线不可能产生冲突,令牌总线的信息帧长度只需要根据要传输的信息长度来确定,因此没有最小帧长度的要求。而对于 CSMA/CD,为了使最远距离的站点也能检测到冲突,需要在实际的信息长度后添加填充位,以满足最小帧长度的要求。

令牌总线访问控制法的一个特点是站点有公平的访问权。如果取得令牌的站点有信息要发送,则可发送,随后将令牌传输给下一个站点;如果取得令牌的站点没有信息要发送,则立刻把令牌传输到下一个站点。站点接收到令牌的过程是顺序依次进行的,因此对所有站点来说,都有公平的访问权。当然可以设置优先级,也可以不设。另外,令牌总线访问控制法还有较好的吞吐能力,吞吐量随数据传输速率提高而加大,联网距离较 CSMA/CD 大;缺点是控制电路较复杂、成本高,在轻负载时,线路传输效率低。

4.1.5　常见局域网——以太网

4.1.5.1　以太网概述

1)以太网发展历程

1973 年,Xerox 公司提出以太网技术并将其实现,从而产生了以太网,最初以太网传输速率只有 2.94Mbit/s。

1979 年，DEC、Intel、Xerox 公司成立联盟，联合推出 DIX 以太网规范。

1980 年，IEEE 成立了 802.3 工作组。

1983 年，第一个 IEEE 802.3 标准通过并正式发布。

1990 年，基于双绞线的 10Base-T 标准和 IEEE 802.1D 网桥标准发布。

1992 年，出现了 100Mbit/s 快速以太网。

1995 年，IEEE 正式通过了 100Base-T 标准，即 IEEE 802.3u。

1998 年，千兆以太网标准 IEEE 802.3z 发布。

1999 年，1000Base-T 标准 IEEE 802.3ab 发布。

2002 年，IEEE 通过了 802.3ae，即 10Gbit/s 万兆以太网标准。

2004 年，IEEE 批准屏蔽双绞线 10Gbit/s 以太网标准 802.3ak。

2006 年，IEEE 批准 10GBase-LRM 光纤标准 802.3aq。

2007 年，IEEE 发布了 802.3ap 万兆背板以太网标准。

2010 年，IEEE 宣布符合 IEEE 802.3ba 标准的下一代 40Gbit/s 与 100Gbit/s 新型以太网。

2）以太网分类

（1）传统以太网。传统以太网即标准以太网，是以前广泛应用的一类局域网，其典型的传输速率是 10Mbit/s。在传统以太网的物理层上定义了多种传输介质和拓扑结构，形成了一个 10Mbit/s 以太网标准系列：IEEE 802.3 的 10Base-5、10Base-2、10Base-T 和 10Base-F 标准。由此可见，10Mbit/s 以太网组网灵活，既可以使用细、粗同轴电缆组成总线网络，又可以使用 CAT3 UTP 双绞线组成星型网络，还可以组成总线星型网络等结构。

①10Base-5 以太网。

10Base-5 以太网是一种以太网标准，使用 50Ω 基带同轴电缆（粗缆）作为传输介质，传输速率为 10Mbit/s，在每个网段上的距离限制是 500m，整个网络最大跨度为 2500m，每个网段最多终端数量为 100 台，每个工作站间隔距离为 2.5m 的整数倍。

②10Base-2 以太网。

10Base-2 以太网也称为细缆网，是一种 10Mbit/s 基带以太网标准，基于曼彻斯特编码使用 50Ω 的细同轴电缆进行传输。10Base-2 以太网被定义在 IEEE 802.3a 标准中，每段有 185m 的长度限制。

③10Base-T 以太网。

1991 年下半年，IEEE 802.3 标准中增加了 10Base-T 网络类型。这种网络不采用总线拓扑结构，而采用星型拓扑结构。10Base-T 以太网采用基带传输，传输速率为 10Mbit/s，使用 UTP 作为传输介质。10Base-T 以太网的技术特点是使用已有的 802.3 MAC 层，通过一个介质连接单元 MAU 与 10Base-T 物理介质相连接。典型的 MAU 设备有网卡和集线器。常用的 10Base-T 物理介质是 2 对 CAT3 UTP，所允许的最大 UTP 缆线长度为 100m。

与采用同轴电缆的以太网相比，10Base-T 以太网更适合在已铺设布线系统的办公大楼中使用。10Base-T 以太网采用的是与电话交换系统一致的星型拓扑结构，容易实现数据网络与电话语音网络的综合布线。

④10Base-F 以太网。

10Base-F 以太网采用光纤介质和基带传输,传输速率为 10Mbit/s。10Base-F 以太网不同于由粗、细同轴电缆组成的以太网,因为光信号传输的特点是单方向,适合端到端的通信,因此 10Base-F 以太网呈星形或放射状结构。光缆具有传输速率高、网段距离远、抗外界干扰能力强等优于同轴电缆的性能,特别适合楼宇间的远距离联网,其通信距离可达 2km。

4 种 10Mbit/s 以太网特性比较如表 4-1 所示。

表 4-1　4 种 10Mbit/s 以太网特性比较

特性	10Base-5 以太网	10Base-2 以太网	10Base-T 以太网	10Base-F 以太网
IEEE 标准	IEEE 802.3	IEEE 802.3a	IEEE 802.3i	IEEE 802.3j
速率/(Mbit/s)	10	10	10	10
传输方式	基带	基带	基带	基带
无中继器,线缆最大长度/m	500	185	100	2000
站间最小距离/m	2.5	0.5	—	—
最大长度/m/媒体段数	2500/5	925/5	500/5	4000/2
传输介质	50Ω 粗同轴电缆(ϕ10)	50Ω 细同轴电缆(ϕ5)	UTP	多模光纤
拓扑结构	总线	总线	星型	星型
编码	曼彻斯特编码	曼彻斯特编码	曼彻斯特编码	曼彻斯特编码

在表 4-1 中,10 代表传输速率为 10Mbit/s;Base 表示"基带",T 表示 Twist(双绞线);F 表示 Fiber(光纤);UTP 是非屏蔽双绞线;5 指的是最大传输距离不超过 500m;2 表示最大传输距离不超过 200m。

(2)高速以太网。世界上使用最普遍的局域网就是以太网,但传统以太网 10Mbit/s 的传输速率在很多方面都限制了其应用,特别是进入 20 世纪 90 年代,随着多媒体信息技术的发展和成熟,对网络的传输速率和传输质量提出了更高的要求。于是,国际上一些著名的公司便联合起来研究和开发新的高速网络技术,相继开发并公布的高速以太网技术有 100Mbit/s 以太网、1000Mbit/s 以太网和 10Gbit/s 以太网,IEEE 802 委员会对这些技术分别进行了标准化工作。

2007 年 7 月,以太网联盟宣布 IEEE 802.3 超高速以太网研究工作组(Higher Speed Study Group,HSSG)已经就下一代以太网传输速率标准提出了新的建议。HSSG 的新建议支持 40Gbit/s 传输速率和 100Gbit/s 传输速率混合标准。

①100Mbit/s 以太网。

具有代表性的 100Mbit/s 以太网技术有两个:一个是由 3Com、Intel、Sun 和 Bay Networks 等公司开发的 100Base-T 技术;另一个是由 HP、AT&T 和 IBM 等公司开发的 100Base-VG 技术。前者在 MAC 子层仍采用 CSMA/CD 协议,在物理层提供 100Mbit/s 的传输速率;后者在 MAC 子层采用一种新的轮询优先访问协议,既支持 IEEE 802.3 帧格式,又支持 IEEE 802.5 帧格式,在物理层提供 100Mbit/s 的传输速率。

A. 100Base-T。100Base-T 的 MAC 层采用 CSMA/CD 协议。由于 MAC 层与传输速率

111

无关,因此 100Base-T 中的帧格式、帧长度、差错控制及有关管理信息均与 10Base-T 相同。100Base-T 定义了 3 种物理层标准:100Base-T4、100Base-TX 和 100Base-FX,它们分别支持不同的传输介质。

a. 100Base-T4。100Base-T4 是 100Base-T 标准中唯一全新的 PHY 标准。100Base-T4 标准是用来帮助已经安装了第 3 类或第 4 类电缆的用户的。

100Base-T4 链路与介质相关的接口是基于第 3、4、5 类 UTP 的。100Base-T4 标准使用 4 对线。用于 100Base-T 的 RJ-45 连接器也可用于 100Base-T4。4 对线中的 3 对用于一起发送数据,第 4 对用于冲突检测。

由于快速以太网是从 10Base-T 发展而来的,并且保留了 IEEE 802.3 的帧格式,所以 10Mbit/s 以太网可以非常平滑地过渡为 100Mbit/s 的快速以太网。

b. 100Base-TX。100Base-TX 介质规范基于 ANSI TP-PMD 物理介质标准。100Base-TX 介质接口在两对双绞线电缆上运行,其中一对用于发送数据,另一对用于接收数据。ANSI TP-PMD 标准中既包括 STP 电缆,又包括 UTP 电缆,因此 100Base-TX 介质接口支持两对 5 类以上 UTP 电缆和两对 1 类 STP 电缆。

c. 100Base-FX。光缆是 100Base-FX 指定支持的一种介质,而且容易安装、质量小、体积小、灵活性好、不受电磁干扰。100Base-FX 标准指定了两条多状态光纤,一条用于发送数据,另一条用于接收数据。当工作站的 NIC 以全双工模式运行时,传输距离能超过 2km。光缆可分为两类,即多模光缆和单模光缆。

多模光缆:这种光缆为 $62.5/125\mu m$(62.5 和 125 分别表示纤芯直径、包层外径),采用基于 LED 的收发器将波长为 820nm 的光信号发送到光纤上。当连在两个设置为全双工模式的交换机端口之间时,支持的最大距离为 2km。

单模光缆:这种光缆为 $9/125\mu m$,采用基于激光的收发器将波长为 1300nm 的光信号发送到光纤上。单模光缆损耗小,相比多模光缆能使光信号传输到更远的距离。

B. 100Base-VG。100Base-VG 快速以太网偏离了原有的以太网标准,运行在语音级(voice grade,VG)UTP 电缆上,以 100Mbit/s 的传输速率进行传输且适合于以太网和令牌环网。100Base-VG 通过使用专用带宽和优先级协议来支持语音和视频的等时传输,可以为网络化多媒体应用的开发提供比较有力的支持,特别适合同步传输影视等动态图像。

100Base-VG 支持 3 类、5 类 UTP 电缆、STP 电缆和光纤等传输介质,用户在从传统的 10Base-T 系统升级到 100Base-VG 系统时不用更换电缆。

100Base-VG 网络采用星型结构,用中央集线器对全网实行集中式访问控制,每个集线器经配置都支持以太网卡和令牌环网卡及其帧格式,但两者不能共存于同一网段中。100Base-VG 网络与以太网或令牌环网互联时要使用网桥,100Base-VG 网络与 FDDI 网络、ATM 网络或广域网互联时要使用路由器。

②1000Mbit/s 以太网。

1000Mbit/s 以太网也称为千兆以太网。千兆以太网技术给用户带来了提高核心网络传输速率的有效解决方案,这种解决方案继承了传统以太网技术价格便宜的优点。

千兆以太网技术仍然是以太网技术,采用了与传统以太网相同的帧格式、帧结构、网络协议、全/半双工模式、流控模式及布线系统。该技术不改变传统以太网的桌面应用、操作系统,因此可与 10Mbit/s 或 100Mbit/s 的以太网很好地配合。升级到千兆以太网不必改变网络应用程序、网管部件和网络操作系统。

千兆以太网技术有两个标准——IEEE 802.3z 和 IEEE 802.3ab。IEEE 802.3z 制定了光纤和短程铜线连接方案的标准,IEEE 802.3ab 制定了 5 类双绞线较长距离连接方案的标准。

③10Gbit/s 以太网。

随着信息技术的快速发展,特别是 Internet 和多媒体技术的发展和应用,网络数据流量迅速增加,原有速率的局域网已难以满足要求。在 2000 年年初,由 IEEE 组织的 HSSG 发布了10Gbit/s(万兆)以太网的 IEEE 802.3ae 规范。

万兆以太网规范包含在 IEEE 802.3 标准的补充标准 IEEE 802.3ae 中,扩展了 IEEE 802.3 协议和 MAC 规范,支持 10Gbit/s 的传输速率。万兆以太网的主要联网规范有以下几种:10GBase-SR 和 10GBase-SW、10GBase-LR 和 10GBase-LW、10GBase-ER 和 10GBase-EW、10GBase-LX4。

4.1.5.2　以太网 MAC 地址编址

1)以太网 MAC 地址

数据链路层编址主要确定接收的帧是发送给哪个节点的。每台设备用 MAC 地址进行标识,每个帧中包含目的 MAC 地址。在以太网中用唯一的 MAC 地址标识源和目的设备。MAC 编址将作为第二层的 PDU 进行填充。以太网 MAC 地址是 12 个十六进制数字的 48 位二进制值。IEEE 分配了一个 3 字节(24 位)的代码,称为组织唯一标识符(OUI)。一般来说,每一块网卡都有一个固定的 MAC 地址,MAC 地址将被烧入网卡的 ROM(只读存储器)中。需要注意的是,分配给网卡或其他以太网设备的所有 MAC 地址都必须使用厂商分配的 OUI作为前 3 字节;OUI 相同的 MAC 地址以最后 3 字节唯一标识,它可以是厂商代码或者序列号。以太网 MAC 地址结构如图 4-8 所示。

组织唯一标识符 OUI	厂商分配的(网卡、接口)
24 位, 6 个十六进制数字	24 位, 6 个十六进制数字
00-60-2F(Cisco)	特定设备

图 4-8　以太网 MAC 地址结构

2)十六进制编址

MAC 是以十六进制来表示的,因此首先简单了解一下十六进制。以 16 为基数,与十进制的对应表示是,分别使用数字 0～9 和 A～F 来表示 0～9、10～15,逢 16 进 1。使用一个十六进制数字取代 4 位二进制数字。由于 8 位二进制表示一字节,因此 00000000～11111111 可表示为 00～FF 的十六进制数字。比如,二进制数 00011011 就可以表示为十六进制 1B。特别需要注意的是,若出现的两位都为数字,比如十六进制 27,为了区分十进制和十六进制,十六进制的表示法以"0x"为前导,或以"0x"为前导的同时在数字后面加上表示十六进制的符号H。因此,上例可以表示为 0x27 或 0x27H。

3)以太网单播、广播和组播

单播 MAC 地址是帧从设备一对一发送时使用的唯一地址。如图 4-9 所示,源主机向 IP地址为 192.168.1.10 的服务器请求网页。在发送帧中,为了传送和接收数据包,目的 IP 地址必须包含在 IP 数据包头中,响应的 MAC 地址也必须包含在以太网帧头中。两者相结合,数据才能正确传送到特定的目的主机。

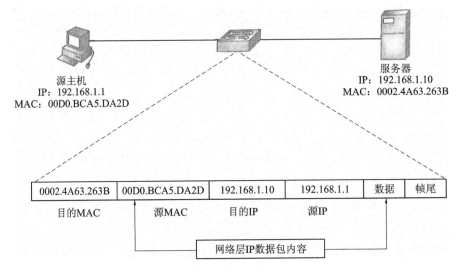

图 4-9　以太网单播

广播的目的是让所有节点接收和处理帧。数据链路层使用一个特殊的地址实现广播。在以太网中,广播 MAC 地址是 48 个 1,十六进制为 FF-FF-FF-FF-FF-FF。以太网广播如图 4-10所示。

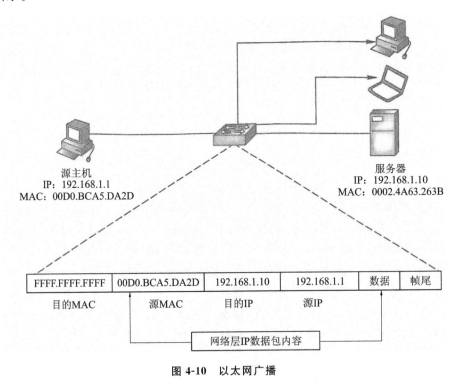

图 4-10　以太网广播

组播地址允许源主机向一组设备发送数据包,它既可以抑制由广播可能引起的资源浪费,也可以有效地完成单点对多点的数据传播。多播地址是一个特殊的十六进制数值,以 01-00-5E 开头。将 IP 多播组地址的低 24 位换算成以太网地址中剩余的 6 个十六进制字符,它作为多播 MAC 地址的结尾,MAC 地址剩余的位始终为"0"。以太网组播如图 4-11 所示。

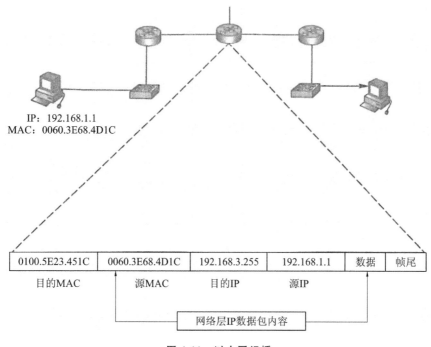

图 4-11　以太网组播

任务 4.2　组建家庭无线局域网

4.2.1　无线局域网概述

　　无线局域网是利用无线通信技术在局部范围内建立的网络。它是计算机网络与无线通信技术结合的产物,以无线多址信道作为传输媒介,提供有线局域网 LAN 的所有功能,为用户提供随时、随地、随意的宽带接入服务。

　　与有线局域网相比较,无线局域网易安装,一般来说只需要安装一个或多个接入点设备,便可实现无线局域网的有效覆盖;使用灵活,只要在有效信号范围内,站点可以在任何位置接入网络;节约成本,无线局域网可以避免使用率低下,造成接入点花费过大的问题;易扩展,既可以保证小型局域网的构建,又可以组成拥有大量站点的大型局域网,并且具有用户不受地域限制的特点。无线局域网同时也存在数据传输速率低、有时会存在信号盲区等问题。

　　无线局域网因以上优点,发展极其迅速,应用的范围越来越广泛。近几年,无线局域网已经在商场、公司、学校、医院等场所普遍应用。

4.2.2 无线局域网标准

目前支持无线网络的技术标准主要有 IEEE 802.11x 系列标准、家庭网络技术、蓝牙技术等。

4.2.2.1 IEEE 802.11x 系列标准

IEEE 802.11 是第一代无线局域网标准之一。该标准定义了物理层和介质访问控制协议规范,物理层定义了数据传输的信号特征和调制方法,定义了两个射频(RF)传输方法和一个红外线传输方法。IEEE 802.11 标准速率最高只能达到 2Mbit/s。此后这一标准逐渐完善,形成 IEEE 802.11x 系列标准。

IEEE 802.11 标准规定了在物理层上允许三种传输技术:红外线、跳频(frequency hopping)扩频和直接序列(direct sequence)扩频。红外无线数据传输技术主要有三种:定向光束红外传输、全方位红外传输和漫反射红外传输。

目前,最普遍的无线局域网技术是扩展频谱(简称扩频)技术。扩频通信是将数据基带信号频谱扩展几倍到几十倍,以牺牲通信带宽为代价来提高无线通信系统的抗干扰性和安全性。扩频的第一种方法是跳频扩频,第二种方法是直接序列扩频。这两种方法都被无线局域网所采用。

(1)跳频扩频。在跳频扩频方案中,发送信号频率按固定的间隔从一个频谱跳到另一个频谱。接收器与发送器同步跳动,从而正确地接收信息。而那些可能的入侵者只能得到一些无法理解的标记。发送器以固定的间隔一次变换一个发送频率,IEEE 802.11 标准规定每300ms 的间隔变换一次发送频率。发送频率变换的顺序由一个伪随机码决定,发送器和接收器使用相同变换的顺序序列。数据传输可以选用频移键控(FSK)或二进制相位键控(PSK)方法。

(2)直接序列扩频。在直接序列扩频方案中,输入数据信号进入一个通道编码器(channel encoded)并产生一个接近某中央频谱的较窄带宽的模拟信号。这个信号将用一系列看似随机的数字(伪随机序列)进行调制,调制的结果大大拓宽了要传输信号的带宽,因此称为扩频通信。在接收端,使用同样的数字序列来恢复原信号,信号再进入通道解码器来还原传送的数据。

(3)IEEE 802.11。1997 年,无线局域网制定了第一个版本标准——IEEE 802.11。其中定义了媒体访问控制层(MAC 层)和物理层。物理层定义了工作在 2.4GHz 的 ISM(industrial scientific medical)频段上的两种扩频作为调制方式和一种红外线传输的方式,总数据传输速率设计为 2Mbit/s。

(4)IEEE 802.11b(Wi-Fi1,即 Wi-Fi 第一代)。IEEE 802.11b 即 Wi-Fi(Wireless Fidelity,无线相容认证)。它制定于 1999 年,工作在 2.4GHz 频段。2.4GHz 的 ISM 频段为世界上绝大多数国家和地区通用,因此 IEEE 802.11b 得到了最为广泛的应用。IEEE 802.11b 的最大数据传输速率为 11Mbit/s,无须直线传播。在动态速率转换时,如果无线信号变差,可将数据传输速率降低为 5.5Mbit/s、2Mbit/s 和 1Mbit/s。支持的范围,在室外为 300m,在办公环境中最大为 100m。IEEE 802.11b 是所有 WLAN 标准演进的基石,后来许多系统都需要与 IEEE 802.11b 兼容。

（5）IEEE 802.11a（Wi-Fi2，即 Wi-Fi 第二代）。IEEE 802.11a 标准是 802.11b 标准的后续标准。它也制定于 1999 年，工作在 5GHz 频段，传输速率可达 54Mbit/s。由于 IEEE 802.11a 工作在 5GHz 频段，因此它与 IEEE 802.11、IEEE 802.11b 标准不兼容。

（6）IEEE 802.11g（Wi-Fi3，即 Wi-Fi 第三代）。IEEE 802.11g 是为了提高传输速率而制定的标准。它制定于 2003 年，采用 2.4GHz 频段，使用 CCK（补码键控）技术与 IEEE 802.11b 兼容，同时通过采用 OFDM（正交频分复用）技术支持高达 54Mbit/s 的数据流，与 IEEE 802.11、IEEE 802.11b 标准兼容。

（7）IEEE 802.11n（Wi-Fi4，即 Wi-Fi 第四代）。IEEE 802.11n 制定于 2009 年，可以将 WLAN 的传输速率由 IEEE 802.11a 及 IEEE 802.11g 提供的 54Mbit/s，提高到 300Mbit/s 甚至 600Mbit/s。得益于将 MIMO（多入多出）与 OFDM 技术相结合而应用的 MIMO OFDM 技术，IEEE 802.11n 提高了无线传输质量，也使传输速率得到极大提升。和以往的 IEEE 802.11 标准不同，IEEE 802.11n 标准为双频工作模式（包含 2.4GHz 和 5GHz 两个工作频段），这样就保障了其与以往的 IEEE 802.11b、IEEE 802.11a、IEEE 802.11g 标准兼容。

（8）IEEE 802.11ac（Wi-Fi5，即 Wi-Fi 第五代）。IEEE 802.11ac 制定于 2012 年，是 IEEE 802.11 家族的一项无线网上标准，通过 5GHz 频带提供高通量的无线局域网（WLAN），俗称 5G Wi-Fi（5th generation of Wi-Fi）。理论上它能够提供至少 1Gbit/s 带宽进行多站式无线局域网通信，或是至少 500Mbit/s 的单一连线传输带宽。

（9）IEEE 802.11ax（Wi-Fi6，即 Wi-Fi 第六代）。IEEE 802.11ax 制定于 2019 年。Wi-Fi6 即第六代无线网络技术，是 Wi-Fi 标准的名称。Wi-Fi6 主要使用了 OFDMA（正交频分多址）、MU-MIMO（多用户多入多出）等技术，MU-MIMO 允许路由器一次与 4 个设备通信，Wi-Fi6 允许与多达 8 个设备通信。Wi-Fi6 还利用其他技术，如 OFDMA 和发射波束成形，两者的作用分别是提高效率和网络容量。Wi-Fi6 最高速率可达 9.6Gbit/s。

4.2.2.2　家庭网络技术

家庭网络技术（home radio frequency，Home RF）是一种专门为家庭用户设计的小型无线局域网技术。它是 IEEE 802.11 与 DECT（digital enhanced cordless telecommunications system，数字增强型无绳电信系统）标准的结合，旨在降低语音数据成本。Home RF 在进行数据通信时，采用 IEEE 802.11 标准中的 TCP/IP 传输协议；进行语音通信时，则采用 DECT 标准。

Home RF 的工作频率为 2.4GHz。原来最高数据传输速率为 2Mbit/s；2000 年 8 月，美国联邦通信委员会（Federal Communications Commission，FCC）批准了 Home RF 的新规格，传输速率提高到 8～11Mbit/s。Home RF 可以实现最多 5 个设备之间的互连。

4.2.2.3　蓝牙技术

蓝牙（Bluetooth）是一种短距离无线数字通信的技术标准，工作在 2.4GHz 频段，最高数据传输速率为 1Mbit/s（有效传输速率为 721kbit/s），传输距离为 0.01～10m，通过增大发射功率可达到 100m。

蓝牙技术主要用于手机、笔记本式计算机等数字终端设备之间的通信，以及这些设备与 Internet 的连接。

4.2.3 无线网络接入设备

4.2.3.1 无线网卡

无线网卡可以提供与有线网卡一样丰富的系统接口,包括 PCle、PCMCIA、USB 和 MINI-PCI 等,如图 4-12～图 4-15 所示。在有线局域网中,网卡是网络操作系统与网线之间的接口。在无线局域网中,网卡是操作系统与天线之间的接口,用来创建透明的网络连接。

图 4-12 PCle 接口无线网卡(台式机)

图 4-13 PCMCIA 接口无线网卡(笔记本)

图 4-14 USB 接口无线网卡
(台式机和笔记本)

图 4-15 MINI-PCI 接口无线网卡
(笔记本)

4.2.3.2 接入点

接入点(access point,AP)的作用相当于局域网集线器。它在无线局域网和有线网络之间接收、缓冲存储和传输数据,以支持一组无线用户设备。接入点通常是通过标准以太网线连接到有线网络上,并通过天线与无线设备进行通信。在有多个接入点时,用户可以在接入点之间漫游切换。接入点的有效范围是 20～500m。根据技术、配置和使用情况,一个接入点可以支持 15～250 个用户,通过添加更多的接入点,可以比较轻松地扩充无线局域网,从而减少网络拥塞并扩大网络的覆盖范围。

室内双频面板式无线 AP 如图 4-16 所示,室外高功率无线 AP 如图 4-17 所示。

图 4-16　室内双频面板式无线 AP

图 4-17　室外高功率无线 AP

4.2.3.3　无线路由器

无线路由器(wireless router)集成了无线 AP 和宽带路由器的功能,它不仅具备 AP 的无线接入功能,通常还支持 DHCP、防火墙、WEP 加密等功能,而且包括了网络地址转换(NAT)功能,可支持局域网用户的网络连接。

绝大多数无线宽带路由器都拥有一个 WAN 端口和四个(或更多)LAN 端口,可作为有线宽带路由器使用,如图 4-18 所示。

图 4-18　无线宽带路由器

4.2.3.4　天线

在无线网络中,天线可以起到增强无线信号的作用,可以把它理解为无线信号放大器。天线对空间的不同方向具有不同的辐射或接收能力,根据方向的不同,可将天线分为全向天线和定向天线两种。

1)全向天线

全向天线,即在水平方向表现为 360°均匀辐射,也就是平常所说的无方向性,如图 4-19 所示。一般情况下波瓣宽度越小,增益越大。全向天线在通信系统中一般通信距离远,覆盖范围大,价格便宜。其增益一般在 9dB 以下。

2)定向天线

定向天线是指在某一个或某几个特定方向上发射及接收电磁波特别强,而在其他方向上发射及接收电磁波为零或极小的一种天线,如图 4-20 所示。采用定向天线的目的是提高辐射功率的有效利用率、提高保密性、增强抗干扰能力。

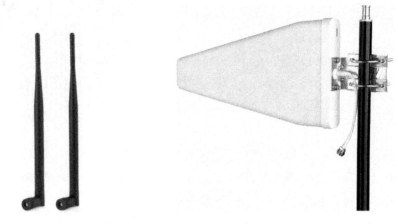

图 4-19　全向天线　　　　　　　　图 4-20　定向天线

4.2.4　无线局域网的配置方式

4.2.4.1　Ad-Hoc(无线对等)模式

Ad-Hoc 模式包含多个无线终端和一个服务器,均配有无线网卡,但不连接到接入点和有线网络,而是通过无线网卡相互通信。它主要用在没有基础设施的地方,可以快速而轻松地建立无线局域网,如图 4-21 所示。

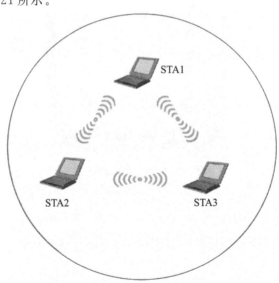

图 4-21　Ad-Hoc 模式无线对等网络

4.2.4.2　Infrastructure(基础结构)模式

Infrastructure 模式是目前最常见的一种无线局域网配置方式,其包含一个接入点和多个无线终端,接入点通过电缆与有线网络连接,通过无线电波与无线终端连接,可以实现无线终端之间的通信,以及无线终端与有线网络之间的通信。通过对这种模式进行复制,可以实现多个接入点相连接的更大的无线网络,如图 4-22 所示。

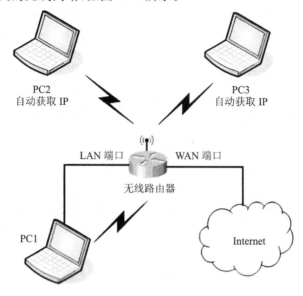

图 4-22　Infrastructure 模式无线局域网

项目实训一　组建办公室小型共享式对等网

1.任务准备

①直通双绞线 3 条。

②打印机 1 台。

③集线器 1 台。

④安装 Windows 10 的计算机 3 台(亦可使用虚拟机)。

⑤绘制网络拓扑图,如图 4-23 所示。

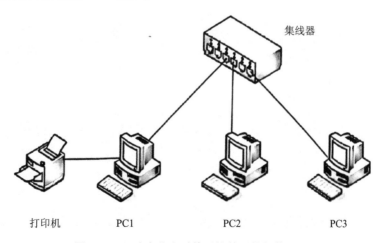

图 4-23　组建办公室对等网络的网络拓扑图

2.实施步骤

组建办公室小型共享式对等网的步骤如下。

1)硬件连接

(1)将 3 条直通双绞线的两端分别插入每台计算机网卡的 RJ-45 接口和集线器的 RJ-45 接口中,检查网卡和集线器的相应指示灯是否亮起,判断网络是否正常连通。

(2)将打印机连接到 PC1。

2)TCP/IP 配置

(1)配置 PC1 的 IP 地址为 192.168.1.10,子网掩码为 255.255.255.0;配置 PC2 的 IP 地址为 192.168.1.20,子网掩码为 255.255.255.0;配置 PC3 的 IP 地址为 192.168.1.30,子网掩码为 255.255.255.0。

(2)在 PC1、PC2 和 PC3 之间用 ping 命令测试网络的连通性。

3)设置计算机名和工作组名

(1)在计算机的桌面上找到"此电脑"图标,选中该图标单击鼠标右键,在弹出的快捷菜单中选择"属性"命令,在打开的"系统"窗口中可以看到当前的计算机名和工作组,如图 4-24 所示。单击"更改设置",弹出"系统属性"对话框,如图 4-25 所示。

图 4-24 "系统"窗口

(2)单击"更改",弹出"计算机名/域更改"对话框,如图 4-26 所示。

(3)在"计算机名"文本框中输入 PC1 作为本机名,选中"工作组"单选按钮,并设置工作组名为 SMILE。

(4)单击"确定",系统会提示重启计算机。重启后,修改后的计算机名和工作组名即生效。

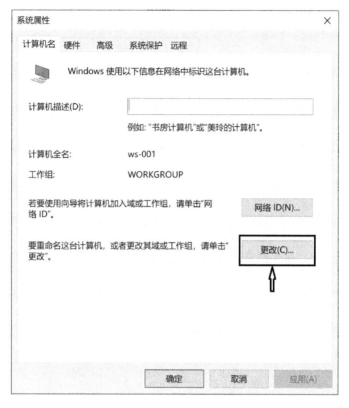

图 4-25　"系统属性"对话框

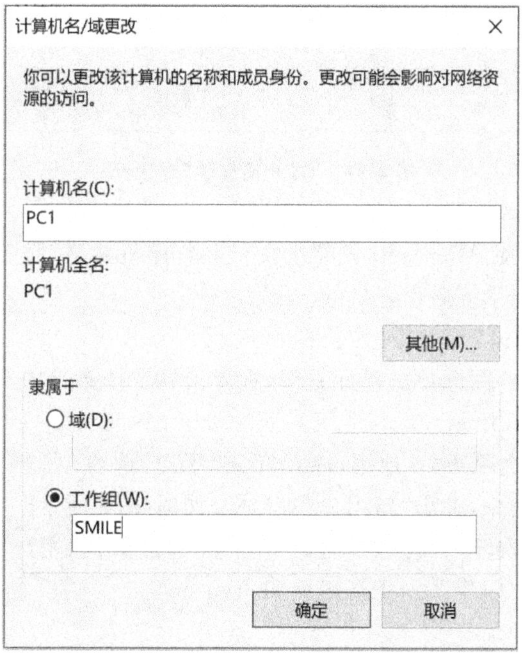

图 4-26　"计算机名/域更改"对话框

4)安装共享服务

(1)依次单击"开始"→"设置"→"网络和 Internet"→"以太网"→"更改适配器选项",打开"网络连接"窗口。

(2)选中"以太网"图标单击鼠标右键,在弹出的快捷菜单中选择"属性"命令,弹出"以太网属性"对话框,如图 4-27 所示。

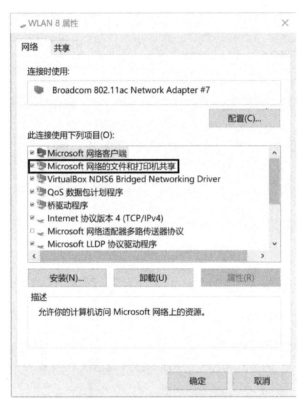

图 4-27 "以太网属性"对话框

(3)如果"Microsoft 网络的文件和打印机共享"复选框已被选中,则说明共享服务安装正确;否则,单击"安装",安装"Microsoft 网络的文件和打印机共享"服务。

(4)单击"确定",重启系统后设置生效。

5)在 Windows 10 中设置有权限共享的用户

(1)选中桌面"此电脑"图标单击鼠标右键,在弹出的快捷菜单中选择"管理"命令,打开"计算机管理"窗口,如图 4-28 所示。

(2)在图 4-28 中,依次展开"本地用户和组"→"用户"选项,右击"用户"选项,在弹出的快捷菜单中选择"新用户"命令,弹出"新用户"对话框,如图 4-29 所示。

(3)在图 4-29 中,依次输入用户名、密码等信息,注意取消"用户下次登录时须更改密码"复选框的勾选,然后单击"创建",创建新用户 shareuser。

图 4-28　"计算机管理"窗口

图 4-29　"新用户"对话框

6）在 Windows 10 中设置文件夹共享

（1）无密码保护的共享。

①启用 Guest 账号：选中桌面"此电脑"图标单击鼠标右键，在弹出的快捷菜单中选择"管理"命令，打开"计算机管理"窗口，依次展开"本地用户和组"→"用户"选项，双击右侧的 Guest 用户，弹出"Guest 属性"对话框，取消"用户不能更改密码""密码永不过期"和"账户已禁用"复选框的勾选，如图 4-30 所示。

图 4-30　"Guest 属性"对话框

②启用"文件和打印机共享"：依次单击"开始"→"设置"→"网络和 Internet"→"网络和共享中心"→"高级共享设置"，在"高级共享设置"窗口中的"专用"和"来宾或公用（当前配置文件）"选项组中分别选择"启用网络发现"和"启用文件和打印机共享"单选按钮，如图 4-31 和图 4-32 所示。

③启用"无密码保护的共享"：在步骤 B 的"高级共享设置"窗口中展开"所有网络"选项组，找到"密码保护的共享"，选择"关闭密码保护共享"单选按钮后，单击"保存更改"，如图 4-33所示。

④选择需要共享的文件夹如 share 单击鼠标右键，在弹出的快捷菜单中依次选择"授予访问权限"→"特定用户"命令。

⑤弹出"网络访问"窗口，在下拉列表框中选择能够访问共享文件夹 share 的用户 Guest，单击"添加"，如图 4-34 所示，并在添加的 Guest 账户窗口中设置用户共享权限。

⑥单击图 4-34 中的"共享"后，显示"你的文件夹已共享"，如图 4-35 所示，再单击"完成"，即完成文件夹共享的设置。

图 4-31 "专用"共享设置

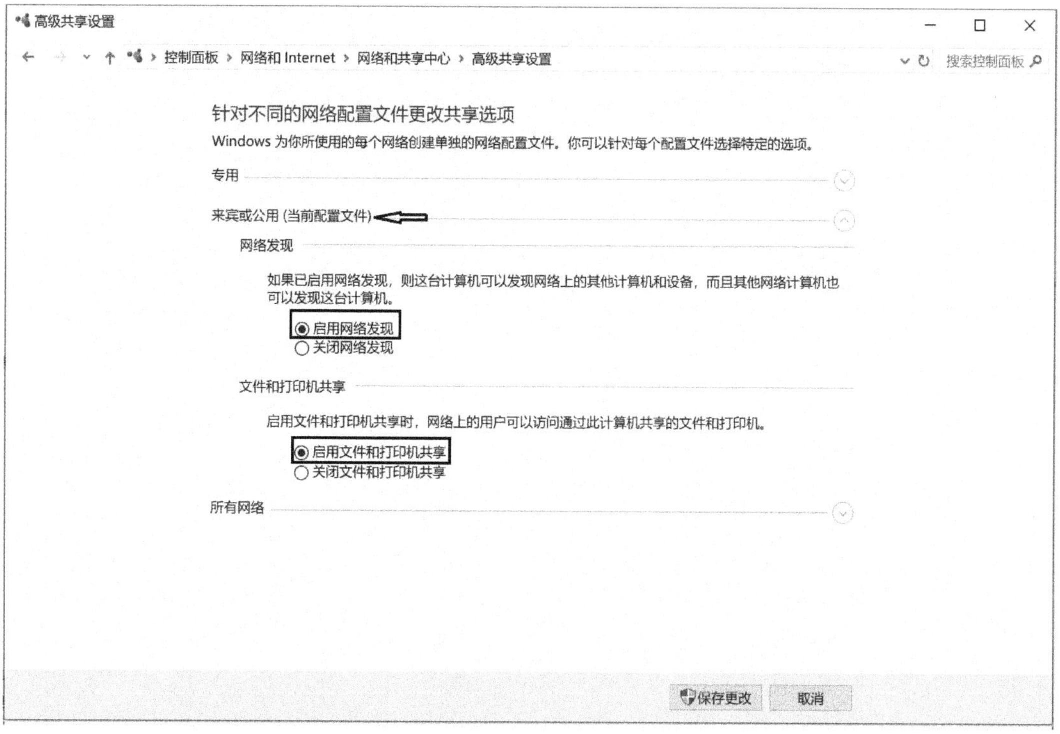

图 4-32 "来宾或公用(当前配置文件)"共享设置

高级共享设置 — □ ×

← → ↑ ▪ > 控制面板 > 网络和 Internet > 网络和共享中心 > 高级共享设置   ∨ ひ | 搜索控制面板 🔎

针对不同的网络配置文件更改共享选项

Windows 为你所使用的每个网络创建单独的网络配置文件。你可以针对每个配置文件选择特定的选项。

专用 ·· ⌄

来宾或公用 (当前配置文件) ·· ⌄

所有网络 ⟵ ·· ⌃

公用文件夹共享

打开"公用文件夹共享"时，网络上包括家庭组成员在内的用户都可以访问公用文件夹中的文件。

○ 启用共享以便可以访问网络的用户可以读取和写入公用文件夹中的文件
◉ 关闭公用文件夹共享(登录到此计算机的用户仍然可以访问这些文件夹)

媒体流

当媒体流启用时，网络上的用户和设备便可以访问此计算机上的图片、音乐以及视频。此计算机还可以在网络上查找媒体。

选择媒体流选项...

文件共享连接

Windows 使用 128 位加密帮助保护文件共享连接。某些设备不支持 128 位加密，必须使用 40 或 56 位加密。

◉ 使用 128 位加密帮助保护文件共享连接(推荐)
○ 为使用 40 或 56 位加密的设备启用文件共享

密码保护的共享

如果已启用密码保护的共享，则只有具备此计算机的用户帐户和密码的用户才可以访问共享文件、连接到此计算机的打印机以及公用文件夹。若要使其他人具备访问权限，必须关闭密码保护的共享。

○ 启用密码保护共享
◉ 关闭密码保护共享

🛡保存更改   取消

图 4-33 "无密码保护的共享"设置

图 4-34 "网络访问"窗口

图 4-35　完成文件夹共享

（2）有密码保护的共享。

①启用"有密码保护的共享"：依次单击"开始"→"设置"→"网络和 Internet"→"网络和共享中心"→"高级共享设置"，在弹出的"高级共享设置"窗口中选择"所有网络"，找到"密码保护的共享"，选择"启用密码保护共享"单选按钮，如图 4-36 所示，单击"保存更改"。

图 4-36　"有密码保护的共享"设置

②选择需要共享的文件夹如 share 单击鼠标右键,在弹出的快捷菜单中选择"属性"命令,在弹出的对话框中选择"安全"选项卡,如图 4-37 所示,单击"编辑",弹出"share 的权限"对话框,如图 4-38 所示,单击"添加"。

图 4-37 "安全"选项卡

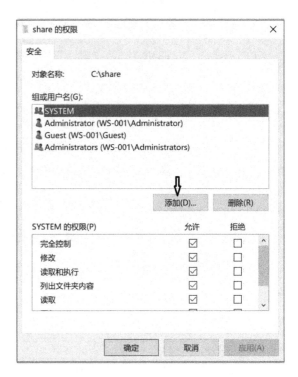

图 4-38 "share 的权限"对话框

③在弹出的"选择用户或组"对话框中,输入 shareuser 用户名,如图 4-39 所示,单击"确定",然后选择 shareuser 选项,勾选"允许"的权限,如图 4-40 所示,单击"确定"。

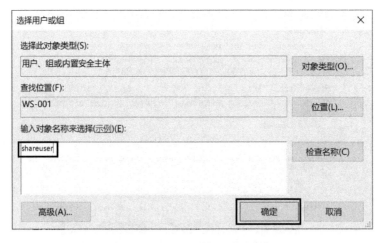

图 4-39 "选择用户或组"对话框

图 4-40 "**shareuser 的权限**"设置

　　④回到"share 属性"对话框,选择"共享"选项卡,如图 4-41 所示,单击"高级共享",勾选"共享此文件夹"复选框,如图 4-42 所示,单击"权限"。

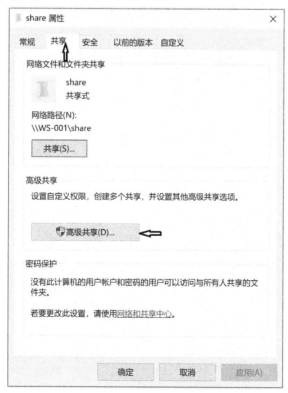

图 4-41 "**共享**"选项卡

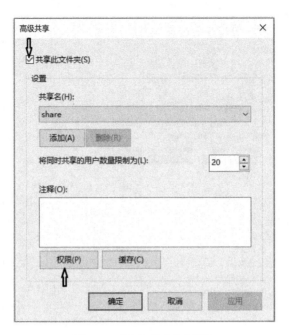

图 4-42 "高级共享"对话框

⑤如图 4-43 所示，选择已有的用户名 Everyone，单击"删除"，单击"添加"，在打开的"选择用户或组"对话框中输入新建的用户名 shareuser，如图 4-44 所示，单击"检查名称"和"确定"。选择 shareuser 选项，勾选"允许"的权限，如图 4-45 所示，单击"确定"完成共享设置。

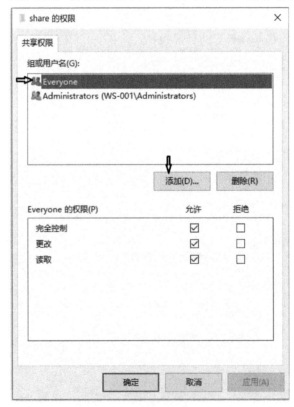

图 4-43 删除 Everyone 用户

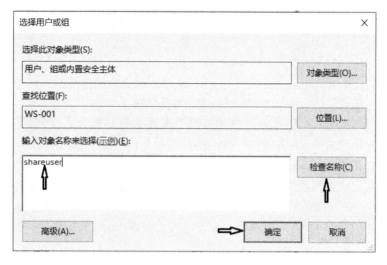

图 4-44　添加 shareuser 用户

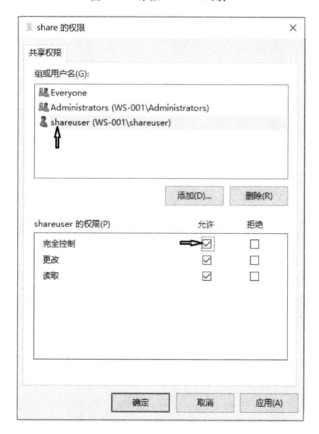

图 4-45　shareuser 用户权限

7）在 Windows 10 中使用共享文件夹

（1）在其他计算机（如 PC2）的资源管理器或 IE 浏览器的"地址"栏中输入共享文件所在计算机名（计算机名前加"\"）或 MIP 地址，如本例输入\PC1 或\192.168.56.1（以具体 IP 地址为准），然后输入用户名和密码，可访问共享资源（如共享文件夹 share），如图 4-46 所示。

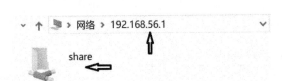

图 4-46　访问共享文件

　　注意："无密码保护的共享"可以直接双击共享文件夹图标使用共享文件，"有密码保护的共享"还需要执行后面的步骤，在"映射网络驱动器"对话框中验证用户名和密码。

　　(2)选中共享文件夹 share 图标单击鼠标右键，在弹出的快捷菜单中选择"映射网络驱动器"命令，在弹出的"映射网络驱动器"对话框中，按图 4-47 所示勾选后，单击"完成"。

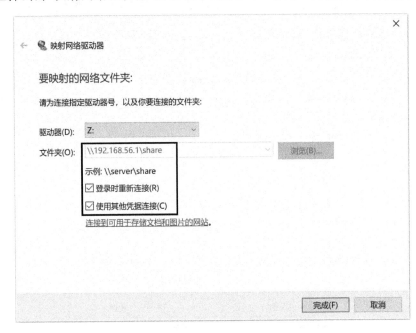

图 4-47　"映射网络驱动器"对话框

　　(3)在弹出的"输入网络凭据"对话框中输入之前设置的用户名 shareuser 和密码 123456，如图 4-48 所示，然后单击"确定"，完成对共享文件的访问。这时可以看到共享文件夹已被映射成了 Z 驱动器，如图 4-49 所示。

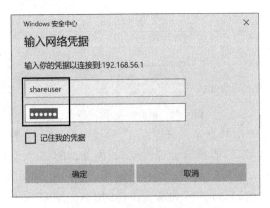

图 4-48　"输入网络凭据"对话框

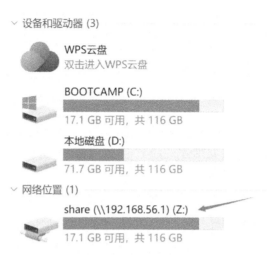

设备和驱动器 (3)

WPS云盘
双击进入WPS云盘

BOOTCAMP (C:)
17.1 GB 可用，共 116 GB

本地磁盘 (D:)
71.7 GB 可用，共 116 GB

网络位置 (1)

share (\\192.168.56.1) (Z:)
17.1 GB 可用，共 116 GB

图 4-49　共享的文件夹

8）在 Windows 10 中设置打印机共享

（1）双击 Windows 10 系统桌面上的"控制面板"图标，打开"控制面板"窗口（如果桌面上没有"控制面板"图标，可以搜索"控制面板"并打开）。

（2）将查看类型更改为"小图标"，然后单击"设备和打印机"。

（3）在打开的"设备和打印机"窗口中，单击"添加打印机"链接。

（4）弹出"添加设备"对话框，单击"我所需的打印机未列出"链接。

（5）在弹出的"添加打印机"对话框中，选择"通过手动设置添加本地打印机或网络打印机"单选按钮，单击"下一步"。

（6）在弹出的"选择打印机端口"对话框中，选择打印机端口，此处为默认端口。

（7）单击"下一步"，选择"厂商"和"打印机"型号。

（8）单击"下一步"，在弹出的对话框中输入打印机名称。

（9）单击"下一步"，选中"共享此打印机以便网络中的其他用户可以找到并使用它"单选按钮，共享该打印机。

（10）单击"下一步"，设置默认打印机。单击"完成"，完成打印机安装。

注意 1： 启动打印机后台处理服务 Print Spooler。选择"此电脑"图标单击鼠标右键，在弹出的快捷菜单中选择"管理"命令，在打开的窗口中选择"服务和应用程序"→"服务"，找到并双击 Print Spooler 服务，依次单击"启动"→"确定"，完成设置。

注意 2： 启用"无密码保护的共享"；启用"文件和打印机共享"。启用"无密码保护的共享"，步骤同"在 Windows 10 中设置文件夹共享"中的"无密码保护的共享"，此处不再赘述。

任务工作单 4-1　组建办公室小型共享式对等网

1.任务目的

通过本任务的学习,掌握办公室小型共享式对等网的组建,完成文件夹共享方式设置,完成打印机共享设置

2.任务要求

(1)TCP/IP 地址设置。

(2)配置无密码保护的文件夹共享方式。

(3)配置有密码保护的文件夹共享方式。

(4)安装打印机并共享

3.讨论

为什么要为计算机设置工作组?两台计算机组成的不同工作组能否进行资源共享?

4.网络拓扑和设备配置的截图

5.测试结果的截图

学习评价表 4-1　组建办公室小型共享式对等网

评价日期：　　　　　　　　　　　　　　　　　　成绩：

考核项目	考核要求	评分标准	分值	自评(40%)	师评(60%)	总评得分
能力目标	(1)配置计算机 IP。 (2)配置文件夹共享。 (3)配置打印机共享	(1)正确配置了计算机 IP。(10分) (2)正确配置了文件夹共享。(50分) (3)正确配置了打印机共享(10分)	70分			
素质目标	纪律表现	无迟到、早退或中途无故离开实训室等现象;尊重老师,团结同学(5分)	30分			
	爱护设备、保护机房环境	安全、正确地操作设备;保持座位周围整洁,不乱扔垃圾;离开实训室时将设备、配件和桌椅放回原位,并摆放整齐(5分)				
	团队协作能力	与小组成员配合良好,服从老师和组长的安排,积极主动地完成任务(5分)				
	严谨认真、诚实守信、精益求精	在完成任务的过程中,严谨认真,诚实守信,不抄袭、不窃取他人成果;对任务精益求精,高质量地提交成果(10分)				
	总结与反思	思维活跃,积极互动,总结并反思问题与收获,正确评价(5分)				

项目实训二　组建 Infrastructure 模式家庭无线局域网

1. 实训准备

①安装有 Windows 10 操作系统的 PC 3 台。

②无线网卡 3 块（USB 接口 TP-LINK TL-WN322G＋）。

③无线路由器 1 台（TP-LINK TL-WR541G＋）。

④直通网线 2 根。

2. 实施步骤

组建 Infrastructure 模式无线局域网的拓扑图如图 4-50 所示。

图 4-50　Infrastructrue 模式无线局域网拓扑图

组建 Infrastructure 模式无线局域网的操作步骤如下：

1）配置无线路由器

（1）把连接外网（如 Internet）的直通网线接入无线路由器的 WAN 端口，把另一直通网线的一端接入无线路由器的 LAN 端口，另一端口接入 PC1 的有线网卡端口，如图 4-50 所示。

（2）设置 PC 有线网卡 IP 地址为 192.168.0.10，子网掩码为 255.255.255.0，默认网关为 192.168.0.1。在浏览器的地址栏中输入 192.168.0.1，打开无线路由器登录界面，输入用户名 admin，密码 admin，如图 4-51 所示。

（3）进入设置界面后，通常都会弹出一个设置向导的小页面，有一定经验的用户，可选中"下次登录不再自动弹出向导"复选框，单击"退出向导"。在设置界面中，单击左侧向导菜单中的"网络参数"→"LAN 口设置"链接后，在右侧对话框中可设置 LAN 端口的 IP 地址，一般默认为 192.168.0.1，如图 4-52 所示。

（4）设置 WAN 端口的连接类型，如图 4-53 所示。对于家庭用户而言，一般是通过 ADSL 拨号接入互联网的，需选择 PPPoE 拨号连接方式。输入服务商提供的上网账号和上网口令（密码），最后单击"保存"。

图 4-51 无线路由器登录界面

图 4-52 LAN 端口 IP 配置

（5）单击"DHCP 服务"链接，状态改为"启用"，设置 IP 地址池的开始地址为 192.168.0.2，结束

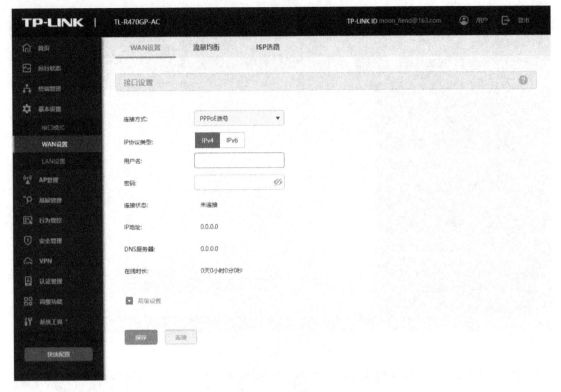

图 4-53　设置 WAN 端口的连接类型

地址为 192.168.0.254。还可设置首选 DNS 服务器和备用 DNS 服务器 IP 地址。如中国电信的 DNS 服务器为 60.191.134.196 或 60.191.134.206,如图 4-54 所示。特别注意,是否需要设置 DNS 服务器请向 ISP 咨询,有时 DNS 不需要自行设置。

(6)单击左侧向导菜单中的"首页"→"无线网络",设置无线网络的无线名称和无线密码。设置完成后点击"保存",如图 4-55 所示。

(7)单击"运行状态",可查看无线路由器的当前状态(包括版本信息、LAN 端口状态、WAN 端口状态、无线状态、WAN 端口流量统计等信息),如图 4-56 所示。

(8)至此,无线路由器的设置基本完成。重新启动路由器,使以上设置生效,然后拔除 PC1 到无线路由器之间的直通线。

下面配置 PC1、PC2、PC3 的无线网络:

2)配置 PC1 的无线网络

在安装 Windows 10 操作系统的计算机中,能够自动搜索到当前可用的无线网络。通常情况下,单击 Windows 10 右下角的无线连接图标,在弹出的菜单中单击 TP-Link 连接,展开该连接,然后单击该连接下的"连接",按要求输入密钥即可。对于隐藏的无线连接,可采用如下步骤:

(1)在 PC1 上安装无线网卡和相应的驱动程序后,设置该无线网卡自动获得 IP 地址。

图 4-54　DHCP 服务设置

图 4-55　无线网络设置

图 4-56　运行状态显示

（2）选择"开始"→"设置"→"网络和 Internet"→"网络和共享中心"，打开"网络和共享中心"窗口，如图 4-57 所示。

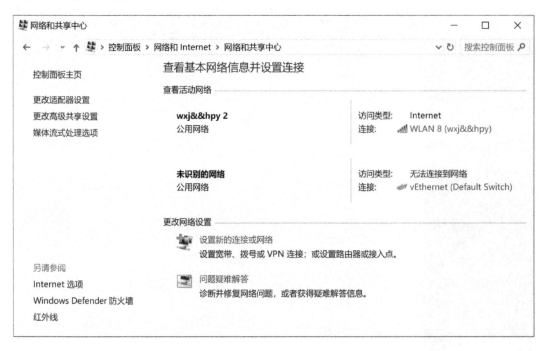

图 4-57　"网络和共享中心"窗口

（3）单击"设置新的连接或网络"，弹出"设置连接或网络"对话框，如图 4-58 所示。

图 4-58　"设置连接或网络"对话框

（4）单击"手动连接到无线网络"，单击"下一步"，弹出"手动连接到无线网络"对话框，如图 4-59 所示。设置网络名为 TP Link，并选中"即使网络未进行广播也连接"复选框。设置"安全类型"为 WEP，在"安全密钥"文本框中输入密钥，如 2013102911。

注意： 网络名和安全密钥的设置必须与无线路由器中的设置一致。

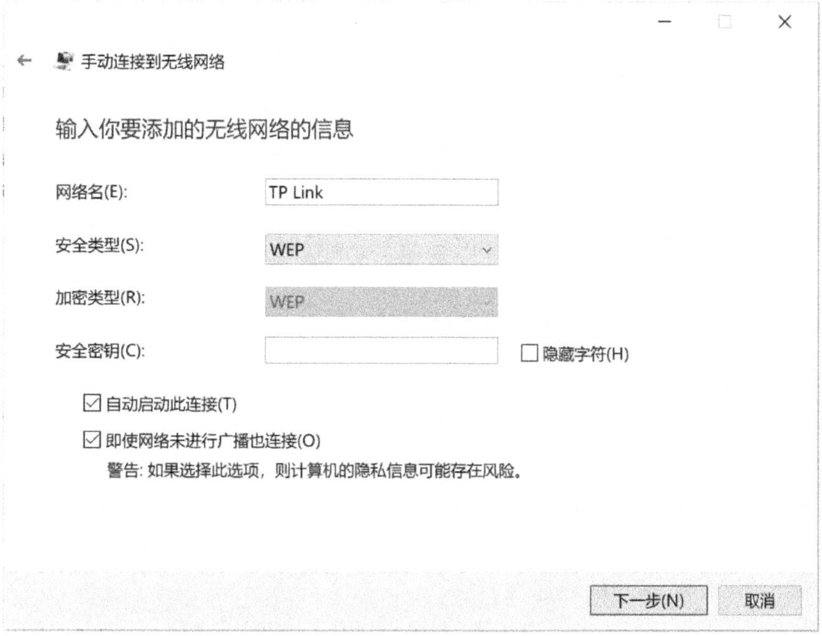

图 4-59　"手动连接到无线网络"对话框

（5）单击"下一步"，弹出设置完成对话框，显示成功添加 TP Link。单击"更改连接设置"，弹出"TP Link 无线网络属性"对话框，选择"连接"或"安全"选项卡可以查看设置的详细信息，如图 4-60 所示。

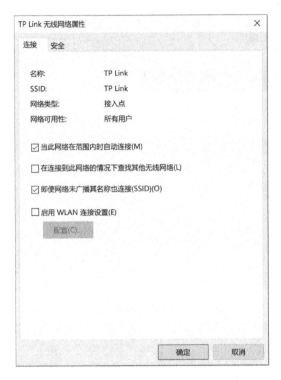

图 4-60　"TP Link 无线网络属性"对话框

（6）单击"确定"，片刻后桌面任务栏上的无线网络连接图标会发生变化，表示该计算机已接入无线网络。

3）配置 PC2、PC3 的无线网络

（1）在 PC2 上，重复上述配置 PC1 的无线网络步骤①～步骤⑥，完成 PC2 无线网络的设置。

（2）在 PC3 上，重复上述配置 PC1 的无线网络步骤①～步骤⑥，完成 PC3 无线网络的设置。

4）连通性测试

（1）在 PC1、PC2 和 PC3 上运行 ipconfig 命令，查看并记录 PC1、PC2 和 PC3 无线网卡的 IP 地址。

PC1 无线网卡的 IP 地址：_____

PC2 无线网卡的 IP 地址：_____

PC3 无线网卡的 IP 地址：_____

（2）在 PC1 上，依次运行"ping PC2 无线网卡的 IP 地址"和"ping PC3 无线网卡的 IP 地址"命令，测试与 PC2 和 PC3 的连通性。

（3）在 PC2 上，依次运行"ping PC1 无线网卡的 IP 地址"和"ping PC3 无线网卡的 IP 地址"命令，测试与 PC1 和 PC3 的连通性。

（4）在 PC3 上，依次运行"ping PC1 无线网卡的 IP 地址"和"ping PC2 无线网卡的 IP 地址"命令，测试与 PC1 和 PC2 的连通性。

任务工作单 4-2　组建 Infrastructure 模式家庭无线局域网

1.任务目的 通过本任务的学习,掌握基于 Infrastructure 模式的家庭无线局域网的组网配置,实现家庭多台无线设备的上网功能
2.任务要求 (1)配置无线路由器。 (2)配置设备的无线网络。 (3)测试连通性
3.讨论 无线局域网的组网方式有哪些?
4.网络拓扑和设备配置的截图
5.测试结果的截图

学习评价表 4-2　组建 Infrastructure 模式家庭无线局域网

评价日期：　　　　　　　　　　　　　　　　　　　　　成绩：

考核项目	考核要求	评分标准	分值	自评(40%)	师评(60%)	总评得分
能力目标	(1)配置无线路由器。 (2)配置无线设备 PC。 (3)网络设备连通	(1)正确配置无线路由器。(40 分) (2)正确配置无线设备 PC。(20 分) (3)网络设备连通性测试(10 分)	70 分			
素质目标	纪律表现	无迟到、早退或中途无故离开实训室等现象;尊重老师,团结同学(5 分)	30 分			
	爱护设备、保护机房环境	安全、正确地操作设备;保持座位周围整洁,不乱扔垃圾;离开实训室时将设备、配件和桌椅放回原位,并摆放整齐(5 分)				
	团队协作能力	与小组成员配合良好,服从老师和组长的安排,积极主动地完成任务(5 分)				
	严谨认真、诚实守信、精益求精	在完成任务的过程中,严谨认真,诚实守信,不抄袭、不窃取他人成果;对任务精益求精,高质量地提交成果(10 分)				
	总结与反思	思维活跃,积极互动,总结并反思问题与收获,正确评价(5 分)				

项目 5　网络系统基础操作

◆ **项目描述**

网络组建好之后的核心工作就是网络运维。网络运维是指为了保障通信网络与业务正常、安全、有效运行而进行的生产组织管理活动。为了能更好地进行网络操作运维,需要掌握网络系统的操作技能,本项目将从介绍网络系统开始,以华为设备及其操作系统 VRP 为例,介绍如何快速熟悉操作系统的 CLI,并在此基础上介绍各种设备的管理方式、基础配置、网络配置等。

◆ **学习目标**

知识目标:

(1)了解 VRP 的版本与结构;

(2)熟悉 CLI 使用方法;

(3)了解设备的登录管理方式和基础网络配置。

技能目标:

(1)掌握设备登录管理方式;

(2)掌握设备环境基本配置;

(3)掌握基础网络配置;

(4)掌握远程登录环境搭建。

素养目标:

(1)提升积极探索新知识的能力;

(2)培养团结合作的精神;

(3)培养认真仔细的态度。

任务 5.1　熟悉华为 VRP 及 CLI

5.1.1　认识华为 VRP

VRP 是华为公司具有完全自主知识产权的网络操作系统,VRP 以 IP 业务为核心,实现了组件化的体系结构,拥有300项以上特性。其在提供丰富功能的同时,还提供了基于应用的可裁剪能力和可伸缩能力。

VRP是华为公司从低端到核心的全系列路由器、以太网交换机、业务网关等产品的软件核心引擎,实现了统一的用户界面和管理界面;实现了控制平面功能,并定义了转发平面接口规范,以实现各产品转发平面与VRP控制平面之间的交互;实现了网络接口层,屏蔽了各产品数据链路层对于网络层的差异。

为了使单一软件平台能运行于各类路由器和交换机之上,VRP的软件模块采用了组件结构,各种协议和模块之间采用了开放的标准接口。VRP由通用控制平面(general control plane,GCP)、业务控制平面(service control plane,SCP)、数据转发平面(data forwarding plane,DFP)、系统管理平面(system management plane,SMP)和系统服务平面(system service plane,SSP)5个平面组成。

(1)通用控制平面:支持网络协议族,其中包括IPv4和IPv6。它所支持的协议和功能包括Socket、TCP/IP、路由管理、各类路由协议、VPN、接口管理、数据链路层、MPLS、安全性能,以及对IPv4和IPv6的服务质量(quality of service,QoS)的支持。

(2)业务控制平面:基于通用控制平面,支持增值服务,包括连接管理、用户认证计费、用户策略管理、VPN组播业务管理和维护与业务控制相关的转发信息库(forwarding information base,FIB)。

(3)数据转发平面:为系统提供转发服务,由转发引擎和FIB维护组成。转发引擎可依照不同产品的转发模式通过软件或硬件实现。数据转发支持高速交换、安全转发和QoS,并可通过开放接口支持转发模块的扩展。

(4)系统管理平面:具有系统管理功能,提供了与外部设备进行交互的接口,对系统输出信息统一进行管理。在平台的配置和管理方面,VRP灵活地引入一些网络管理机制,如命令行、NMP和Web等。

(5)系统服务平面:支持公共系统服务,如内存管理、计时器、IPC、装载、转换、任务/进程管理和组件管理。

VRP还具有支持产品许可证(license)文件的功能,可在不破坏原有服务的前提下根据需要调整各种特性和性能的范围。

随着网络技术和应用的飞速发展,VRP在处理机制、业务能力、产品支持等方面也在持续改化。VRP的版本演进如图5-1所示,主要有VRP1.x、VRP3.x、VRP5.x和VRP8.x等版本,具有不同的业务能力和产品支持能力。

华为VRP系统软件版本分为核心版本(或内核版本)和发行版本两种。其中,核心版本是用来开发具体交换机VRP系统的基础版本,即VRP 1.x、VRP 3.x,以及现在的VRP 5.x和VRP 8.x;发行版本则是在核心版本基础上针对具体的产品系列(如S系列交换机、AR/NE系列路由器等)而发布的VRP系统软件版本。

VRP系统的核心版本由一个小数表示,小数点前面的数字表示主版本号,仅当发生比较全面的功能或者体系结构修改时才会发布新的主版本号;小数点后面第1位数字表示次版本号,仅当发生重大或者较多功能修改时才会发布新的次版本号;小数点后第2、3位数字为修订版本号,只要发生修改就会发布新的修订版本号。例如,某设备软件版本为VRP 5.120,则表明主版本号为5,次版本号为1,修订版本号为20。

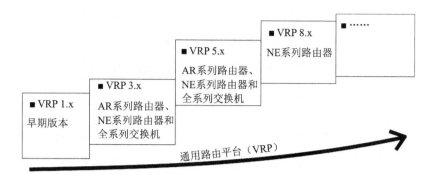

图 5-1 VRP 的版本演进

华为 VRP 系统的发行版本是以 V、R、C3 个字母(代表 3 种不同的版本号)进行标识的,基本格式为"V×××R×××C××",其中的"×"是具体的数字;"V"和"R"部分为必需部分;"C"根据版本性质的不同而确定,可能出现,也可能不出现。

V、R、C 版本的定义如下:

(1)V 版本是指产品所基于的软件或者硬件平台版本。"V×××"标识了产品/解决方案主力产品平台的变化,称为 V 版本号。其中,"×××"从 100 开始,并以 100 为单位递增编号。仅当产品的平台发生变化时,V 版本号才会发生变化。

(2)R 版本是面向客户发布的通用特性集合,是产品在特定时间的具体表现形式。"R×××"标识了面向所有客户发布的通用版本,称为 R 版本号。其中的"×××"从 001 开始,并以 1 为单位递增编号。

(3)C 版本是基于 R 版本开发的快速满足不同类型客户需求的客户化版本,称为 C 版本号。在同一 R 版本下,C 版本号中的"××"从 00 开始并以 1 为单位递增编号。如果 R 版本号发生变化,则 C 版本号下的"××"又从 00 开始重新编号,如 V100R001C01、V100R001C02、V100R002C01。

在设备上可通过执行"display version"命令查看设备版本,例 5-1 给出了在交换机 S5700 上查看设备版本的示例。

【例 5-1】 查看设备版本。

在交换机 S5700 上执行"display version"命令,输出结果如下。其中,"Version 5.120"代表当前交换机运行的 VRP 核心版本为 5.120;而括号里面的"S5700 V200R002C00"则指 S5700 系列交换机的 VRP 发行版本,"V200"表明 V 版本是第 2 版,"R002"表明 R 版本是第 2 版,"C00"则表明 C 版本号为第 1 版。从中也可看到对应的 BootROM 软件版本,例如,其中的"Basic BOOTROM Version:100"表示 BootROM 软件版本号为 100。还可查看其他版本信息,如印制电路板版本(Pcb Version)、复杂可编程逻辑交换机版本(CPLD Version,即可编程芯片的版本)等。

```
<Huawei>display version
Huawei Versatile Routing Platform Software
VRP(R) software,Version 5.120(S5700 V200R002C00)
```

```
Copyright(C)2000－2012 Huawei TECH CO.．LTD
Huawei S5700-52C-FI Routing Switch uptime is 0 week，2 days，1 hour，24 minutes
EMGE O(Master)：uptime is 0 week，2 days，1 hour，23 minutes
512M bytes DDR Memory
64M bytes FLASH
Pcb Version：VER B
Basic BOOTROM Version：100 Compiled at Mar 12011，20：27：16
CPLD Version：74
Software Version：VRP（R）Software，Version 5.120(S5700 V200R002C00) FANCARD
information
Pcb Version：FAN VER B
PWRCARD I information
Pcb Version：PWR VER A
```

5.1.2　认识及使用 CLI

CLI 是交换机、路由器等网络设备提供的人机接口。与使用图形用户界面（graphical user interface，GUI）相比，使用 CLI 对系统资源要求低，容易使用，并且功能扩充更方便。

5.1.2.1　进入命令行视图

VRP 提供了 CLI，其命令视图如图 5-2 所示。

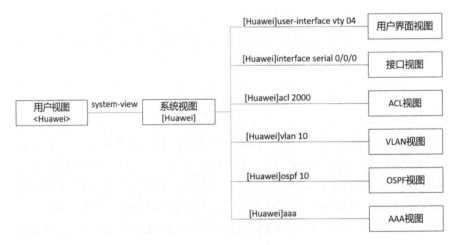

图 5-2　VRP 的命令视图

用户初始登录设备时，默认进入用户视图。在 VRP 中，用户视图用"＜＞"表示，如 ＜Huawei＞就表示用户视图。在用户视图下，用户只能执行文件管理、查看、调试等命令，不能执行设备维护、配置修改等命令。如果需要对网络设备进行配置，则必须在相应的视图模式下才可以进行。例如，在接口视图下才能创建接口的 IP 地址。用户只有进入系统视图后，才能进入其他的子视图。

在用户视图下执行"system-view"命令可以切换到系统视图,在系统视图下执行"quit"命令可以切换到用户视图。VRP 的视图切换命令如表 5-1 所示。

表 5-1　VRP 的视图切换命令

操作	命令
从用户视图进入系统视图	system-view
从系统视图返回到用户视图	quit
从任意的非用户视图返回到用户视图	return 或按 Ctrl＋Z 快捷键

从系统视图执行相关的业务命令可以进入其他业务视图,不同的视图下可以执行的命令也不同。例如,进入系统视图后,用户如需对接口 GEO/0/0 进行配置,则可以执行"interface-GigabitEthernet0/0/0"命令进入接口视图。

5.1.2.2　设置命令级别

VRP 系统中,命令采用了分级方式,命令从低到高划分为 4 个级别,对应级别为 0~3 级,如图 5-3 所示。

(1)参观级:网络诊断命令(如 ping、tracert)、从本设备访问外部设备的命令(如 Telnet、SSH、Rlogin)等。

(2)监控级:用于系统维护、业务故障诊断的命令,如 display、debugging 等。

(3)配置级:业务配置命令,包括路由、各个网络层次的命令,向用户提供直接网络服务。

(4)管理级:用于系统基本运行的命令,对业务提供支撑作用,包括文件系统、FTP、TFTP、Xmodem 下载、配置文件切换命令、备板控制命令、用户管理命令、命令级别设置命令、系统内部参数设置命令等。

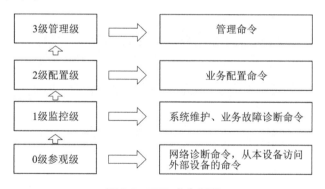

图 5-3　VRP 命令级别

为了限制不同用户对设备的访问权限,系统对用户也进行了分级管理。用户的级别与命令级别对应,不同级别的用户登录后,只能使用等于或低于自己级别的命令。默认情况下,命令级别按 0~3 级进行注册,用户级别按 0~15 级进行注册,用户级别与命令级别的对应关系如表 5-2 所示。

表 5-2　用户级别与命令级别的对应关系

用户级别	命令级别	命令级别名称
0	0	参观级
1	0,1	监控级
2	0,1,2	配置级
3~15	0,1,2,3	管理级

此外,系统还支持自定义命令级别,即可以根据实际需要,对低级别用户授权使用高级别命令。例如,授权 0 级用户可以使用"save"命令,可通过以下配置实现:

```
<Huawei>system-view
[Huawei]command-prvilege level 0 view user save
```

5.1.2.3　编辑命令行

VRP 的 CLI 提供了基本的命令行编辑功能。CLI 支持多行编辑,每条命令的最大长度为 510 个字符,命令关键字不区分字母大小写,命令参数是否区分字母大小写则由各命令定义的参数决定。CLI 常用的编辑功能如表 5-3 所示。

表 5-3　CLI 常用的编辑功能

功能键	功能
普通按键	若编辑缓冲区未满,则插入当前光标位置,并向右移动光标,否则,响铃告警
Backspace 键	删除光标位置的前一个字符,光标左移,若已经到达命令首,则响铃告警
←键或 Ctrl＋B 快捷键	光标向左移动一个字符位置,若已经到达命令首,则响铃告警
→键或 Ctrl＋F 快捷键	光标向右移动一个字符位置,若已经到达命令尾,则响铃告警
Ctrl＋A 快捷键	将光标移动到当前行的开头
Ctrl＋E 快捷键	将光标移动到当前行的末尾

在编辑命令行时,为提高用户的编辑效率,VRP 系统提供了 Tab 键的补全功能并支持不完整关键字输入,下面将展开讲解。建议读者通过练习熟悉这两个功能,以提高自己的命令行编辑效率。

(1)Tab 键的使用。在编辑命令时,输入不完整的关键字后按 Tab 键,系统会自动补全关键字,具体如下:

①如果与之匹配的关键字唯一,则系统用此完整的关键字替代原输入并换行显示,光标与词尾间空一格。

②如果与之匹配的关键字不唯一,则反复按 Tab 键可循环显示所有已输入字符串开头的关键字,此时光标与词尾间不空格。

③如果没有与之匹配的关键字,则按 Tab 键后换行显示,输入的关键字不变。

(2)不完整关键字输入。设备支持不完整关键字输入,即在当前视图下,当输入的字符能够匹配唯一的关键字时,可以不输入完整的关键字。该功能提供了一种快捷的输入方式,有助于提高操作效率。例如用户查看当前配置时,完整的命令是"display current-configuration",用户通过输入"d cu""dicu"或"dis cu"等关键字就可以执行此命令,但不能输入"dc"或"dis c"等,因为以"dc"或"dis c"开头的命令不唯一。

5.1.2.4 CLI 在线帮助

用户在使用 CLI 时,可以使用在线帮助功能以获取实时帮助,从而无须记忆大量、复杂的命令。在输入过程中,用户可以随时输入"?"以获得在线帮助。CLI 在线帮助可分为完全帮助和部分帮助,如图 5-4 所示,下面将详细讲述完全帮助和部分帮助的使用方法。

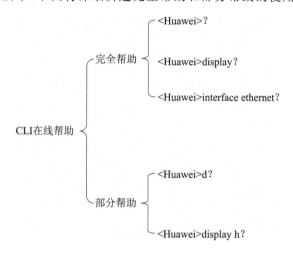

图 5-4 CLI 在线帮助

(1)完全帮助。当用户输入命令时,可以使用命令行的完全帮助功能获取全部关键字或参数的提示。下面给出几种完全帮助的实例供读者参考。

【例 5-2】 完全帮助。

①在任一命令视图下,输入"?"获取该命令视图下的所有命令及其简单描述,举例如下:

```
<Huawei>?
User view commands:
backup Backup electronic elabel
cd Change current directory
check Check information
clear Clear information
clock Specify the system clock
compare Compare function
......
```

②输入一条命令关键字,后接以空格分隔的"?",如果该位置为关键字,则列出全部关键字及其简单描述,举例如下。

```
<Huawei>system-view
[Huawei]user-interface vty 04
[Huawei-ui-vty0-4]authentication-mode ?
aaa AAA authentication
password Authentication through the password of a user terminal interface [Huawei-ui-
vty0-4]authentication-mode aaa?
<cr>
[Huawei-ui-vty0-4]authentication-mode aaa
```

其中,"aaa""password"是关键字,"AAA authentication""Authentication through the password of a user terminal interface"是对关键字的描述;而"<cr>"表示该位置没有关键字或参数,紧接着的下一个命令行中该命令会被复述,直接按 Enter 键即可执行。

③输入一条命令关键字,后接以空格分隔的"?",如果该位置为参数,则列出有关的参数取值和参数作用描述,举例如下。

```
<Huawei>system-view
[Huawei]ftp timeout ?
INTEGER<1-35791> The value of FTP timeout,the default value is 30 minutes
[Huawei]ftp timeout 35 ?
<cr>
[Huawei]ftp timeout 35
```

其中,"INTEGER<1-35791>"是参数取值的说明,"The value of FTP timeout,the default value is 30 minutes"是对参数作用的简单描述。

(2)部分帮助。当用户输入命令时,如果只记得此命令关键字的开头一个或几个字符,则可以使用 CLI 的部分帮助功能获取以该字符串开头的所有关键字的提示。下面给出几种部分帮助的实例供读者参考。

【例 5-3】 部分帮助。

①输入一个字符串,其后紧接"?",列出以该字符串开头的所有关键字。

```
<Huawei>d?
debugging delete
dir display
<Huawei>d
```

②输入一条命令,后接一个字符串并紧接"?",列出以该字符串开头的所有关键字。

```
<Huawei>display b?
bootrom bpdu
bpdu-tunnel bridge
buffer
```

5.1.2.5 解读 CLI 的错误信息

在使用 CLI 时,对于用户输入的命令,如果通过语法检查,则正确执行,否则系统将会向用户报告错误信息。CLI 常见的错误信息如表 5-4 所示,用户可根据系统报告的错误信息,检查并纠正命令输入。

表 5-4 CLI 常见的错误信息

英文错误信息提示	错误原因
Error:Unrecognized command found at'^'position	没有查找到标识'^'位置的命令
Error:Wrong parameter found at'^'position	没有查找到标识'^'位置的关键字
Error:Incomplete command found at'^'position	标识'^'位置的参数类型错误,参数值越界
Error:Too many parameters found at'^'position	标识'^'位置的输入参数太多
Error:Ambiguous command found at'^' position	标识'^'位置的输入命令不完整

5.1.2.6 使用 undo 命令行

在使用 CLI 时,在命令前加"undo"关键字,即为 undo 命令行。undo 命令行一般用来恢复默认情况、禁用某个功能或者删除某项配置。几乎每条配置命令都有对应的 undo 命令行,下面举例说明。

【例 5-4】 使用 undo 命令行。

(1)"undo"命令用来恢复默认配置。

"sysname"命令用来设置设备的主机名,举例如下。

```
<Huawei>system-view              //进入系统视图
[Huawei]sysname Server           //设置设备名称为 Server
[Server] undo sysname            //恢复设备默认名称为 Huawei
[Huawei]
```

(2)"undo"命令用来禁用某个功能。

```
<Huawei>system-view              //进入系统视图
[Huawei]undo stp enable          //禁用 STP
```

(3)"undo"命令用来删除某项配置。

```
<Huawei>system-view                                      //进入系统视图
[Huawei]interface GigabitEthernet0/0/0                   //进入接口视图
[Huawei-GigabitEthernet0/0/0]  ip address 10.1.1.1255.255.255.0  //配置接口 IP 地址
[Huawei-GigabitEthernet0/0/0]  undo ip address           //删除接口 IP 地址
```

5.1.2.7 历史命令查询

CLI 会将用户输入的历史命令自动保存起来,用户可以随时调用 CLI 保存的历史命令,并重复执行。默认状态下,CLI 为每个用户最多保存 10 条历史命令。历史命令查询及调用方式如表 5-5 所示。

表 5-5　历史命令查询及调用方式

命令或功能键	功能
Display history-command	显示历史命令
↑键或者 Ctrl＋P 快捷键	访问上一条历史命令
↓键或者 Ctrl＋N 快捷键	访问下一条历史命令

在使用历史命令功能时,需要注意以下几点:

(1)VRP 保存的历史命令与用户输入的命令格式相同,如果用户使用了命令的不完整形式,则保存的历史命令也是不完整形式。

(2)如果用户多次执行同一条命令,则 VRP 的历史命令中只保留最早的一次;但如果执行时输入的形式不同,则将其作为不同的命令对待。例如,多次执行"display ip routing-table"命令,历史命令中只保存一条;而执行"display ip routing"命令和"display ip routing-table"命令,会将其保存为两条历史命令。

5.1.2.8　使用命令行的快捷键

用户可以使用设备中的快捷键完成对命令的快速输入,从而简化操作。系统中的快捷键分成两类——自定义快捷键和系统快捷键。其中,自定义快捷键共有 4 个,分别如下:

(1)Ctrl＋G:默认对应命令"display current-configuration"。

(2)Ctrl＋L:默认对应命令"undo idle-timeout"。

(3)Ctrl＋O:默认对应命令"undo debugging all"。

(4)Ctrl＋U:无默认对应命令。

用户也可以根据自己的需要将这 4 个快捷键与任意命令进行关联,如用户想将 Ctrl＋U 快捷键对应的命令设置为"save",则可通过以下操作实现。

```
<Huawei>system-view              //进入系统视图
[Huawei]hot-key CTRL_U save      //将 Ctrl＋U 快捷键的对应命令设置为 save
```

此外,CLI 还有一些系统快捷键,这些快捷键是系统中固定的,不能由用户自行定义。CLI 常见的系统快捷键如表 5-6 所示。

表 5-6　CLI 常见的系统快捷键

快捷键	功能
Ctrl＋B	将光标向左移动一个字符
Ctrl＋D	删除当前光标所在位置的字符
Ctrl＋F	将光标向右移动一个字符
Ctrl＋W	删除光标左侧的一个字符串(字)
Ctrl＋Y	删除光标所在位置及其右侧所有的字符
Ctrl＋T	输入问号(?)

快捷键	功能
Ctrl+A	将光标移动到当前行的开头
Ctrl+C	停止当前正在执行的命令
Ctrl+E	将光标移动到当前行的末尾
Ctrl+H	删除光标左侧的一个字符
Ctrl+X	删除光标左侧所有的字符
Ctrl+K	在连接建立阶段终止呼出的连接
Esc+B	将光标向左移动一个字符串(字)
Esc+F	将光标向右移动一个字符串(字)

5.1.2.9　批量执行特性

在设备实际运行与维护过程中,用户可能需要经常性地连续执行多个命令,此时可以预先将这些命令定义为批量执行的命令行,从而简化对常用命令的输入操作,提升效率。

VRP 的 CLI 通过维护助手,可设定定时批量自动执行指定的命令行。启用此功能以后,设备能够在无人值守的情况下完成某些操作或配置,主要用来对系统进行定时升级或定时配置,具体操作过程如下:

(1)执行"system-view"命令,进入系统视图。

(2)执行"assistant task task-name"命令,创建维护助手任务,最多可创建 5 个。

(3)执行"if-match timer cron seconds minutes hours days-of-month months days-of-week [years]"命令,配置在指定的时间执行维护助手任务。

(4)执行"perform priority batch-file filename"命令,设置维护助手的处理动作。

5.1.3　查询配置信息

5.1.3.1　通过命令行查询配置信息

在完成一系列配置后,可以执行相应的"display"命令查看设备的配置信息和运行信息。VRP 支持通过命令行查询某个协议或应用的配置信息,例如,在完成 FTP 服务器的各项配置后,可以执行"display ftp-server"命令,查看当前 FTP 服务器的各项参数。

[Huawei]display ftp-server

同时,系统支持查看当前生效的配置信息和当前视图下生效的配置信息,命令如下。

(1)查看当前生效的配置信息。

[Huawei]display current-configuration

对于某些正在生效的配置参数,如果与默认参数相同,则不显示。

(2)查看当前视图下生效的配置信息。

[Huawei]display this

对于当前视图下某些正在生效的配置参数,如果与默认参数相同,则不显示。

5.1.3.2 配置不同级别用户查看指定的配置信息

网络设备提供了让不同级别用户查看指定的配置信息的功能,通过此功能用户可以查看指定的命令行显示信息,具体过程描述如下:

(1)管理员用户执行"command-privilege level"命令设置低级别用户可以使用的某条命令。

(2)管理员用户执行"set current-configuration display"命令设置指定低级别用户需要显示的配置信息。

【例 5-5】 配置不同级别用户查看指定的配置信息。

管理员希望低级别用户(如 0 级)可以执行"display current-configuration"命令,但是该级别用户只能查看接口的 IP 地址配置信息,配置过程如下。

```
<Huawei>system-view
[Huawei]command-privilege level 0 view cli_8f display current-configuration
[Huawei]set current-configuration display level 0 ip address
```

此时,0 级用户登录设备后执行"display current-configuration"命令查看配置信息,结果大致如下,只会显示接口及对应的 IP 地址配置信息。

```
<Huawei>display current-conf iguration
#
interface GigabitEthernet0/0/0
ip address 192.168.200.183 255.255.255.0
#
interface LoopBack0
ip address 10.168.1.1 255.255.255.0
#
return
```

5.1.3.3 控制命令行显示方式

所有的命令行都有共同的显示特征,并且可以根据用户的需求,灵活控制显示方式。当终端屏幕上显示的信息过多时,可以使用 Page Up 键和 Page Down 键显示上一页信息和下一页信息。当执行某一命令后,如果显示的信息超过一屏,则系统会自动暂停,以方便用户查看。此时,用户可以通过功能键控制命令行的显示方式,如表 5-7 所示。

表 5-7 控制命令行显示方式

功能键	功能
Ctrl+C 和 Ctrl+Z 快捷键	停止显示或执行命令。 说明:也可以键入 Space 键、Enter 键之外的其他键(可以是数字键或字母键),以停止显示或执行命令
Space 键	继续显示下一屏信息
Enter 键	继续显示下一行信息

任务5.2 网络设备登录管理

5.2.1 常见设备登录管理方式

用户对网络设备的操作管理叫作网络管理,简称网管。按照用户的配置管理方式,常见的网管方式可分为 CLI 方式和 Web 方式。其中,通过 CLI 方式管理设备是指用户通过 Console口(也称串口)、Telnet 或 STelnet 方式登录设备,使用设备提供的命令行对设备进行管理和配置。下面将具体介绍如何通过 CLI 方式和 Web 方式登录管理设备。

5.2.1.1 通过 Console 口登录

用户使用专门的 Console 通信线缆(也称串口线)连接设备的 Console 口,如图 5-5 所示。

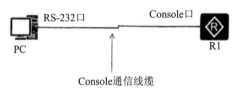

图 5-5 通过 Console 口登录

通过 Console 口进行本地登录是登录设备最基本的方式,也是其他登录方式的基础。默认情况下,用户可以直接通过 Console 口进行本地登录,用户级别是 15 级。该方式仅限于本地登录,通常在以下 3 种场景下应用:

(1)当对设备进行第一次配置时,可以通过 Console 口登录设备进行配置。

(2)当用户无法远程登录设备时,可通过 Console 口进行本地登录。

(3)当设备无法启动时,可通过 Console 口进入 BootLoader 进行诊断或系统升级。

5.2.1.2 通过 Telnet 方式登录

Telnet 起源于 ARPANet,是最古老的 Internet 应用之一。Telnet 给用户提供了一种通过网络上的终端远程登录服务器的方式。

传统的计算机操作方式是使用直接连接到计算机上的专用硬件终端进行命令行操作。而使用 Telnet 时,用户可以使用自己的计算机,通过网络而远程登录到另一台计算机去进行操作,从而克服了距离和设备的限制。同样地,用户可以使用 Telnet 远程登录到支持 Telnet 服务的任意网络设备,从而实现远程配置、维护等工作,节省网络管理维护成本,因此得到了广泛的应用。

Telnet 使用 TCP 作为传输层协议,使用端口号 23,Telnet 协议采用客户端/服务器模式。当用户通过 Telnet 登录远程计算机时,实际上启用了两个程序,一个是"Telnet 客户端程序",它运行在本地计算机上;另一个是"Telnet 服务器程序",它运行在要登录的远程设备上。因此,在远程登录过程中,用户的本地计算机是一个客户端,而提供服务的远程计算机则是一个服务器。

客户端和服务器之间的 Telnet 远程登录包含以下交互过程。

(1)Telnet 客户端通过 IP 地址或域名与远程 Telnet 服务器端程序建立连接。该过程实际上是在客户端和服务器之间建立一个 TCP 连接,服务器端程序所监听的端口号是 23。

(2)系统将客户端输入的命令或字符以网络虚拟终端(network virtual terminal,NVT)格式传送到服务器端。登录用户名、口令及以后输入的任何命令或字符,都以 IP 数据报文的形式进行传送。

(3)服务器端将输出的 NVT 格式的数据转化为客户端可用的格式送回客户端,包括输入命令回显和命令执行结果。

(4)客户端发送命令断开连接,远程登录结束。

默认情况下,用户不能通过 Telnet 方式直接登录设备。如果需要通过 Telnet 方式登录设备,则可以通过 Console 口本地登录设备,并完成相应配置。

5.2.1.3 通过 STelnet 方式登录

Telnet 缺少安全的认证方式,而且传输过程采用 TCP 进行明文传输,存在很大的安全隐患。单纯提供 Telnet 服务容易招致拒绝服务(denial of service,DoS)、主机 IP 地址欺骗、路由欺骗等恶意攻击。随着人们越来越重视网络安全,传统的 Telnet 通过明文传送密码和数据的方式已经慢慢地不被用户所接受。

SSH(secure shell)是一个网络安全协议,标准协议端口号 22。在一个不安全的网络环境中,通过对网络数据的加密,SSH 提供了安全的远程登录和其他安全网络服务,解决了远程 Telnet 的安全性问题。SSH 通过 TCP 进行数据交互,它在 TCP 之上构建了一个安全通道。另外,SSH 除了支持标准端口号 22 外,还支持其他服务端口,以提高安全性,防止受到非法攻击。

SSH 支持 Password 认证和 RSA 认证,对数据进行 DES、3DES、AES 等加密,有效防止了对密码的窃听,保护了数据的完整性和可靠性,保证了数据的安全传输。特别是对于 RSA 认证的支持,对称加密和非对称加密的混合应用,密钥的安全交换,SSH 最终实现了安全的会话过程。由于数据加密传输,认证机制更加安全,SSH 越来越被广泛使用,已经成了当前最重要的网络协议之一。

SSH 协议有两个版本——SSH1(SSH 1.5)协议和 SSH2(SSH 2.0)协议,两者是不同的协议,互不兼容。SSH 2.0 在安全、功能和性能上均比 SSH 1.5 有优势。STelnet 是 Secure Telnet 的简称,能使用户从远端安全登录到设备,提供交互式配置界面,所有交互数据均经过加密,实现安全的会话。华为网络设备支持 STelnet 的客户端和服务器端,支持 SSH1(SSH 1.5)协议和 SSH2(SSH 2.0)协议。

SSH 采用了传统客户端/服务器应用模型,其安全特性通过以下方式保障。

(1)数据加密:通过客户端/服务器协商交换生成的加密密钥(encryption key),实现对数据报文的对称加密,确保数据在传输过程中的机密性。

(2)数据完整性:通过客户端/服务器协商交换生成的完整密钥(integrity key)唯一标识一条会话链路,所有会话交互报文被完整密钥标识。一旦数据被第三方修改,接收方就能够检查出来,并丢弃报文,确保数据在传输过程中的完整性。

(3)权限认证:通过提供多种认证方式,确保唯有认证通过的合法用户才能和服务器进行会话,提高了系统的安全性,同时保障了合法用户的权益。

5.2.1.4 通过 Web 方式登录

Web 方式是指用户通过 HTTP 或 HTTPS 方式登录设备,此时设备作为服务器,通过内置的 Web 服务器提供图形化的操作界面,以使用户直观、方便地管理和维护设备。

HTTP 是互联网上应用最为广泛的一种网络协议。设计 HTTP 最初的目的是提供一种发布和接收 HTML 页面的方法,它可以使浏览器更加高效。HTTP 的工作原理包括以下两个过程:

(1)客户端的浏览器首先要通过网络与服务器建立连接,该连接是通过 TCP 来完成的,一般 TCP 连接的端口号是 80。建立连接后,客户机发送一个请求给服务器,请求方式的格式如下:统一资源标识符(uniform resource locator,URL)、协议版本号,其后是 MIME 信息,包括请求修饰符、客户机信息和许可内容。

(2)服务器接到请求后,给予相应的响应信息,其格式为一个状态行,包括信息的协议版本号、一个成功或错误的代码,其后是 MIME 信息,包括服务器信息、实体信息和其他可能的内容。

HTTP 是以明文方式发送信息的,如果黑客截取了 Web 浏览器和服务器之间的传输报文,就可以直接获取其中的信息。鉴于 HTTP 的安全隐患,以安全为目标的 HTTP 通道 HTTPS 应运而生,HTTPS 在 HTTP 的基础上通过传输加密和身份认证保障了传输过程的安全性。HTTPS 在 HTTP 的基础上加入安全套接字层(secure socket layer,SSL),因此加密的详细内容就需要 SSL。HTTPS 使用不同于 HTTP 的默认端口(默认端口 443)及一个加密/身份认证层(在 HTTP 与 TCP 之间),来提供身份认证与加密通信功能。它被广泛用于互联网上对安全敏感的通信,如交易、支付等。

HTTPS 在安全性设计上注重以下 3 点。

(1)数据保密性:保证数据内容在传输的过程中不会被第三方查看。这就像快递员传递包裹一样,包裹进行了封装,别人无法获知里面的内容。

(2)数据完整性:及时发现被第三方篡改的传输内容。这就像快递员虽然不知道包裹里装了什么东西,他却有可能在中途进行调包。但如果包裹被调包,用户能轻松发现并拒收,从而确保了数据的完整性。

(3)身份校验安全性:保证数据到达用户期望的目的地。这就像邮寄包裹时,虽然是一个封装好的未调包的包裹,但必须确定这个包裹不会送错地方,而身份校验正是用来确保送对了目的地。

与 HTTP 相比,HTTPS 有以下 3 个优点:

(1)使用 HTTPS 可认证用户和服务器,确保数据发送到正确的客户端和服务器。

(2)HTTPS 是由 SSL+HTTP 构建的可进行加密传输、身份认证的网络协议,比 HTTP 安全,可防止数据在传输过程中被窃取、篡改,确保数据的完整性。

(3)HTTPS 是现行架构下最安全的解决方案,虽然不是绝对安全,但是它大幅增加了中间人攻击的成本。

当然,采用 HTTPS 在提高了安全性的同时,也有一些缺点:相同网络环境下,HTTPS 会使页面的加载时间延长近 50%,增加 10%~20% 的耗电;HTTPS 会影响缓存,增加数据开销和功耗;此外,会增加额外的计算资源消耗,例如,SSL 协议加密算法和 SSL 交互次数将占用一定的计算资源和服务器成本。在大规模用户访问应用的场景下,服务器需要频繁地进行加密和解密操作,几乎每一字节都需要做加密、解密,这就产生了服务器成本。

华为的数据通信设备支持以 HTTP/HTTPS 方式登录管理设备,不过这种 Web 方式仅可实现对设备部分功能的管理与维护,如果需要对设备进行较复杂或精细的管理,则仍然需要使用 CLI 方式。

5.2.2 常见设备登录管理方式案例

【例 5-6】 Console 口登录管理。

(1)拓扑结构。图 5-6 所示为通过 Console 口登录管理的拓扑结构。所有网络设备都带有 Console 口,网络设备在第一次使用时,一般使用 Console 口在本地进行登录管理。

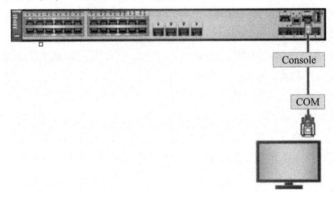

图 5-6 通过 Console 口登录管理的拓扑结构

(2)准备工作。在开始通过 Console 口登录设备之前,需要提前做好以下两项准备工作:

①PC 端安装终端仿真程序(如 Windows 自带的超级终端)。

②准备好 Console 通信线缆。

(3)操作步骤。准备工作完成后,接下来按以下 4 个步骤完成设备登录:

①按图 5-6 所示进行物理连接,将 Console 通信线缆的 DB9 插头插入 PC 的串口(COM),再将 RJ-45 插头端插入设备的 Console 口。需要说明的是,如果维护终端 PC 上没有 DB9 串口,则可单独购买一条 DB9 串口转 USB 的转接线,将 USB 口连接到维护终端上。

②在 PC 上选择"我的电脑",单击鼠标右键选择"属性",打开设备管理器,查看"端口"选项,确认电脑串口名称,如图 5-7 所示。在 PC 上打开终端仿真软件,新建连接,设置连接的接口以及通信参数,如图 5-8 所示。此处使用第三方软件 PuTTY 为例进行介绍。

③设置串口通信参数,速度/波特率为 9600、数据位为 8bits、停止位为 1bit、奇偶校验位为无、流量控制为无,如图 5-9 所示,单击"打开"。

④重复按 Enter 键,直到系统提示用户配置验证密码,系统会自动保存此密码配置。提示信息如下:

Please configure the login password (maximum length 16)
Enter Password:
Confirm Password:

图 5-7 查看电脑串口名称

图 5-8 设置串口

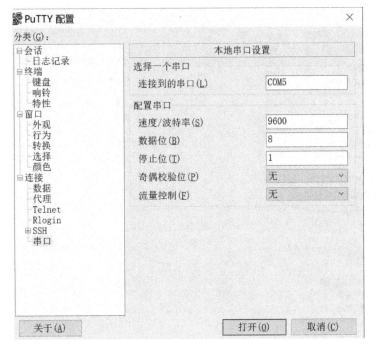

图 5-9　设置串口通信参数

【例 5-7】　Telnet 登录管理。

(1)拓扑结构。图 5-10 所示为 Telnet 登录管理的拓扑结构。在实际网络环境中,Telnet 服务器可以是任何配置了 Telnet 远程登录的网络设备。

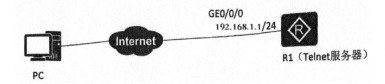

图 5-10　Telnet 登录管理的拓扑结构

(2)准备工作。在进行 Telnet 登录之前,需确保 PC 与 Telnet 服务器维护接口三层网络可达,维护接口 IP 地址可按实际需求配置,这里假定为 192.168.1.1/24,经过授权的 PC 可以通过局域网或互联网对设备进行登录管理。

(3)操作步骤。本例介绍使用 Windows 自带客户端进行 Telnet 登录管理的操作步骤,Telnet 远程登录的用户名为"huawei",密码为"Huawei@123"。

①安装 Windows 自带的 Telnet 客户端,选择"控制面板"→"程序和功能"选项,弹出"程序和功能"窗口,单击"启用或关闭 Windows 功能"超链接,弹出"Windows 功能"窗口,勾选"Telnet Client"复选框,单击"确定",如图 5-11 所示。

②在 PC 上使用命令提示符登录设备。如图 5-12 所示,在命令提示符中键入"telnet 192.168.1.1"后按 Enter 键,输入用户名"Huawei",密码"Huawei@123",即可成功登录设备。

图 5-11　安装 Windows 自带 Telnet 客户端

图 5-12　使用命令提示符登录设备

【例 5-8】　STelnet 登录管理。

（1）拓扑结构。图 5-13 所示为 STelnet 登录管理的拓扑结构。在实际网络环境中，STel-net 服务器可以是任何配置了 STelnet 远程登录的网络设备。

图 5-13　STelnet 登录管理的拓扑结构

（2）准备工作。在进行 STelnet 登录之前，需确保 PC 与 STelnet 服务器三层网络可达。经过授权的 PC 可以通过局域网或互联网对设备进行登录管理。

（3）操作步骤。本例介绍使用第三方客户端进行 STelnet 登录管理的操作步骤，STelnet 远程登录的用户名为"huawei"，密码为"Huawei@123"。

①打开 STelnet 客户端，此处以 PuTTY 为例。打开 PuTTY 客户端之后，设置连接类型为"SSH"，设置 STelnet 登录参数，设置主机名称（或 IP 地址）为"120.20.20.20"，设置端口为"22"，PuTTY 默认使用的 SSH 协议版本为 SSH 2.0，单击"打开"，如图 5-14 所示。

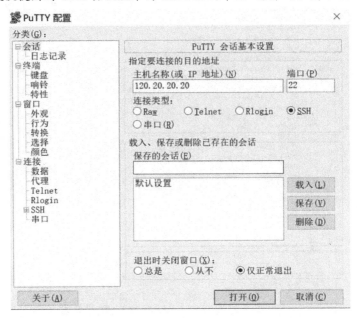

图 5-14　使用 PuTTY 进行 STelnet 登录

②在弹出的登录窗口中依次输入用户名"huawei"，密码"Huawei@123"，即可成功登录设备，如图 5-15 所示。

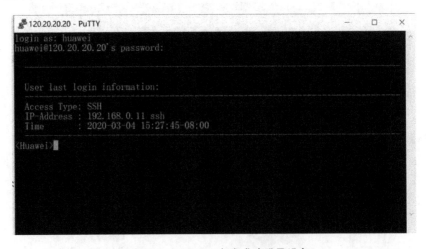

图 5-15　以 STelnet 方式成功登录设备

任务 5.3　网络系统基本配置

为了满足运行维护的需求,使运行维护便利,网络系统在配置业务之前,还需对设备进行必要的基本配置,包括设备基本环境配置、基础网络配置及远程登录相关配置等。

5.3.1　设备基本环境配置

5.3.1.1　系统基本环境配置

系统基本环境主要包括语言模式、设备名称、系统时钟、标题文字、命令级别等,系统基本环境配置中比较常见的是语言模式、设备名称、系统时钟的设置。

(1)语言模式切换。考虑到中国用户的语言习惯,华为 VRP 的帮助信息可以显示英文,也可以显示中文,用户可根据需要自行切换。需要注意的是,VRP 的帮助信息在默认情况下显示英文。

【例 5-9】　通过"language-mode"命令进行语言模式的切换。

切换语言前,VRP 默认以英文显示帮助信息,在用户视图下,执行"language-mode Chinese"命令可切换为中文模式;同样地,如果想要切换回英文模式,则可在用户视图下执行"language-mode English"命令。

```
<Huawei>language-mode Chinese
Change language mode,confirm? [Y/N]y
Jan 31202012:07:00-08:00 Huawei %%01CMD/4/LAN_MODE(1)[50]:The user
chose Y when deciding whether to change the language mode.
```

提示:改变语言模式成功。

```
<Huawei>language-mode English
```

改变当前语言环境,确认切换? [Y/N]y

```
Info:Succeeded to change language mode.
```

(2)设备名称设置。在实际使用时,网络设备名称可根据用户需求进行配置。为便于日后的运行与维护,所有的网络设备都应该有统一的、明确的命名规范。一般来说,网络设备的名称建议包括所在机房、所在机架、设备功能、设备层次、设备型号、设备编号等信息,具体的命名规范在网络方案设计时根据实际需求指定。

【例 5-10】　设备名称设置。

某设备位于核心机房 03 机架,设备层次为汇聚层,用于汇聚生产部门的流量,设备型号为华为 S5700,则可将其命名为 Core03-SC-HJ-S5700。具体的配置步骤如下。

①执行"system-view"命令,进入系统视图。

<Huawei>system-view

Enter system view,return user view with Ctrl+Z

②执行"sysname Core03-SC-HJ-S5700"命令,设置设备名称,该配置即刻生效。

[Huawei]sysname Core03-SC-HJ-S5700

(3)系统时钟设置。系统时钟是系统信息时间戳显示的时间,为了保证与其他设备正常协调工作,用户需要将系统时钟设置准确。在网络设备中,系统时钟=UTC+时区偏移+夏令时偏移,其中,UTC(universal time coordinated)表示通用协调时间。

由于地域不同,用户在进行系统时钟设置时,应该先了解本国或本地区的规定,获取时区偏移和夏令时偏移的参数,再据此设置系统时钟。系统时钟设置在用户视图下进行,包括时区设置、当前时间和日期设置,以及夏令时设置,其相关参数如表 5-8 所示。

表 5-8　系统时钟设置相关参数

功能	参数
设置当前时区	clock timezone
设置当前时间和日期	clock datetime
设置采用夏令时(默认不采用)	clock daylight-saving-time

接下来用两个例子说明系统时钟的设置步骤。

【例 5-11】　时钟设置(不采用夏令时)。

假设设备在中国(东 8 时区)使用,当前日期时间为 2020 年 1 月 31 日 17:00:00,中国目前无夏令时,配置过程如下。

①设置当前时区,其名称为"Beijing",时区为东 8 时区。

<Huawei>clock timezone Beijing minus 8:00:00

此处东 8 时区用 minus,表示时间比 UTC 时间早;西 8 时区用 add,表示时间比 UTC 时间迟。

②设置当前日期时间。

<Huawei>clock datetime 17:00:00 2020-01-31

执行"display clock"命令,查看设置完成后的系统时钟。

<Huawei>display clock

2020-01-31 17:00:02

Friday

Time Zone(Beijing):UTC-08:00

【例 5-12】　时钟设置(采用夏令时)。

假设设备在澳大利亚悉尼市(东 10 时区)使用,当前日期时间为 2020 年 1 月 31 日 17:00:00(未使用夏令时),澳大利亚的夏令时时间比原系统时间提早 1 个小时,从每 10 月的第一个星期天凌晨 2 点开始到次年 4 月的第一个星期天凌晨 3 点结束。

①设置当前时区,其名称为"Sydney",时区为东 10 时区。

> <Huawei>clock timezone Sydney minus 10:00:00

②设置当前日期时间。

> <Huawei>clock datetime 17:00:00 2020-01-31

此时,执行"display clock"命令,查看系统时钟,当前日期时间为 2020 年 1 月 31 日 17:00:01。

> <Huawei>display clock
> 2020-01-31 17:00:01
> Friday
> Time Zone(Sydney):UTC-10:00

③设置采用夏令时。

> <Huawei>clock daylight-saving-time Australia repeating 02:00 first Sun OCT 03:00 first Sun Apr 1

执行"display clock"命令,查看设置完成后的系统时钟,此时系统已采用夏令时,即比原时间提早了 1 个小时。

> <Huawei>display clock
> 2020-01-31 18:01:11 DST
> Friday
> Time Zone(Australia):UTC-10:00
> Daylight saving time
> Name:Australia
> Repeat mode:repeat
> Start year:2000
> End year:2099
> Start time:first Sunday October 02:00:00
> End time:first Sunday April 03:00:00
> Saving time:01:00:00

5.3.1.2 用户基本环境配置

在 VRP 中,用户可以通过切换用户级别、锁定用户界面来配置用户基本环境,并对设备基本文件进行管理。

用户从高级别切换到低级别时,不需要使用密码;用户从低级别切换到高级别时,必须输入级别切换密码。切换用户级别的环境配置包含两个步骤:一是配置切换用户级别的密码,二是切换用户级别。接下来举例介绍其操作步骤。

【例 5-13】 Telnet 用户级别切换。

假设 Telnet 用户的默认用户级别是 0 级,则用户使用 Telnet 方式登录设备后,默认只能执行 0 级的命令,不能执行"system-view"命令进入系统视图,如下所示:

<Huawei>system-view
Error:Unrecognized command found at '^' position.

为了让用户能够使用高级别的命令,在系统视图下执行"super password"命令,配置切换用户级别的密码。例如,执行"super password level 3 cipher Huawei"命令,即低级别用户(0~2 级)切换到 3 级用户的密码是"Huawei"。

配置完成后,在设备上执行"super"命令切换用户级别,按系统提示输入密码"Huawei"后,即可使用用户级别从 0 级切换到 3 级,此时用户可以执行所有命令,如下所示:

<Huawei>super
Password:
Now user privilege is level 3,and only those commands whose level is equal to or less than this level can be used.
Privilege note:0-VISIT,1-MONITOR,2-SYSTEM,3-MANAGE
<Huawei>system-view
Enter system view,return user view with Ctrl+Z.

此外,在用户需要暂时离开操作终端时,为防止未授权的用户操作该终端界面,可以将其锁定。操作方式非常简单,在用户视图下执行"lock"命令即可。锁定成功后,界面将显示"locked!"。需要说明的是,在锁定用户界面时,用户需要输入并确认口令。解除锁定时,必须输入锁定时设置的口令。

5.3.2 基础网络配置

基础网络配置包含一些简单的业务配置,包括 IP 地址配置、VLAN 的创建与配置等。接下来将通过案例说明具体配置过程。

5.3.2.1 IP 地址配置

IP 地址是分配给连接在互联网上的主机或接口的一个唯一的 32bit 地址。IP 地址是实现网络连接的基础。为了使接口运行 IP 业务,需要为接口配置 IP 地址。接口的 IP 地址可以手工配置,在 IP 地址比较缺乏或者只是偶尔使用时,也可以采用地址借用的方式。

一个三层接口可直接配置 IP 地址,对于没有三层接口的网络设备来说,如果需要运行 IP 业务,则需要创建 VLAN 虚拟接口,并在 VLAN 虚拟接口中配置 IP 地址。另外,在同一设备上,不同接口的 IP 地址不能配置在同一网段内。

IP 地址的配置包括以下 3 个步骤:

(1)执行"system-view"命令,进入系统视图。

(2)执行"interface interface-type interface-number"命令,进入接口视图。

(3)执行"ip address ip-address {mask | mask-length }"命令,配置接口的 IP 地址。

【例5-14】　IP地址配置。

将接口GigabitEthernet0/0/3的IP地址配置为10.1.1.1/24,示例如下:

```
<Huawei>system-view
[Huawei]interface GigabitEthernet0/0/3
[Huawei-GigabitEthernet0/0/3]ip address 10.1.1.1/24
```

当IP地址比较缺乏或者某IP地址只是偶尔使用时,可配置接口借用其他已经存在的IP地址,以节约IP地址资源。需要注意的是,在配置接口借用IP地址时,有以下几个限制条件:

(1)Loopback接口、以太网接口的IP地址可被其他接口借用,但不能借用其他接口的IP地址。

(2)被借用方接口的IP地址本身不能为借用来的地址。

(3)被借用方的地址可以借给多个接口。

(4)如果被借用接口有多个IP地址,则只能借用主IP地址。

配置IP地址借用的命令是"ip address unnumbered interface interface-type interface-number"。

【例5-15】　IP地址借用配置。

对于隧道接口,为节省IP地址,这里借用物理接口GigabitEthernet0/0/3的IP地址,操作步骤如下:

(1)执行"display ip interface brief"命令,显示所有三层接口的IP地址。

```
[USG-GigabitEthernet0/0/3]display ip interface brief
* down:administratively down
(s):spoofing
Interface              IP Address    Physical    Protocol    Description
GigabitEthernet0/0/3   10.2.1.1      up          up          USG
LoopBack1              unassigned    up          up(s)       USG
Tunnel 0               unassigned    up          down        USG
```

(2)配置隧道接口Tunnel 0借用GigabitEthernet0/0/3的IP地址。

```
[USG]interface Tunnel 0
[USG-Tunnel 0]ip address unnumbered interface GigabitEthernet0/0/3
```

(3)显示借用IP地址后的接口IP地址。

```
[USG-Tunnel 0]display ip interface brief
* down:administratively down
(s):spoofing
Interface              IP Address    Physical    Protocol    Description
GigabitEthernet0/0/3   10.2.1.1      up          up          USG
LoopBack1              unassigned    up          up(s)       USG
Tunnel 0               10.2.1.1      up          up          USG
```

5.3.2.2 VLAN 的创建与配置

基于端口划分 VLAN 是最简单、最有效，也是最常见的方式，下面就以该方式介绍 VLAN 的基本配置。表 5-9 所示为常见的 VLAN 相关命令。

表 5-9 常见的 VLAN 相关命令

常见命令	视图	作用
vlan vlan-id	系统	创建 VLAN 并进入 VLAN 视图
vlan batch {vlan-id 1[to vlan-id 2]}&<1-10>	系统	批量创建 VLAN
interface interface-type interface-number	系统	进入指定的接口视图
port link-type {access|hybrid|trunk|dot1q-tunnel}	系统	配置接口的链路类型
port default vlan vlan-id	接口	配置接口的默认 VLAN 并同时加入该 VLAN
port interface-type {interface-number 1[to interface-number 2]}	VLAN	批量将指定的多个接口加入指定 VLAN
port trunk allow-pass vlan {{vlan-id 1[to van-id 2]}&<1-10> |all}	接口	配置 Trunk 类型接口加入的 VLAN
port trunk pvid vlan vlan-id	接口	配置 Trunk 类型接口的默认 VLAN
port hybrid untagged vlan {{vlan-id 1[to vlan-id 2]}&<1-10> |all}	接口	配置 Hybrid 类型接口加入的 VLAN，这些 VLAN 的帧以 Untagged 方式通过接口
port hybrid tagged vlan {{vlan-id 1[to vlan-id 2]}&<1-10> |all}	接口	配置 Hybrid 类型接口加入的 VLAN，这些 VLAN 的帧以 Tagged 方式通过接口
undo port hybrid vlan {{vlan-id 1[to vlan-id 2]}&<1-10> |all}	接口	删除 Hybrid 类型接口加入的 VLAN
port hybrid pvid vlan vlan-id	接口	配置 Hybrid 类型接口的默认 VLAN ID
display vlan [vlan-id[verbose]]	所有	查看所有 VLAN 的相关信息
display interface [interface-type [interface-number]]	所有	查看接口信息
display port vlan [interface-type [interface-number]]	所有	查看 VLAN 中包含的接口信息
display this	所有	查看当前视图下的相关配置

【例 5-16】 VLAN 基本配置。

(1)网络拓扑。图 5-16 所示为 VLAN 基本配置的拓扑结构。交换机 SW1 的接口 Ethernet0/0/2 与交换机 SW2 的接口 Ethernet0/0/24 相连。根据组网拓扑，完成基于端口的 VLAN 配置。

(2)组网需求。

①SW1 的两个下行接口分别加入 VLAN 10 和 VLAN 20。

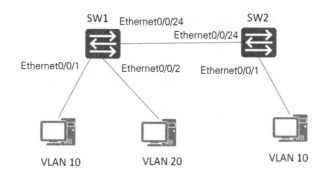

图 5-16　VLAN 基本配置的拓扑结构

②SW2 的一个下行接口加入 VLAN 10。

要求 VLAN 10 内的 PC 能够互相访问，VLAN 10 与 VLAN 20 内的 PC 不能互相访问。

(3)配置思路。采用以下思路配置 VLAN：

①创建 VLAN，规划员工所属的 VLAN。

②配置端口属性，确定设备连接对象。

③关联端口和 VLAN。

(4)配置步骤。

①配置 SW1。

a.创建 VLAN 10、VLAN 20。

```
[SW1]vlan batch 10 20
```

b. 配置端口属性。

```
[SW1]interface Ethernet0/0/1
[SW1-Ethernet0/0/1]port link-type access
[SW1-Ethernet0/0/1]port default vlan 10
[SW1-Ethernet0/0/1]quit
[SW1]interface Ethernet0/0/2
[SW1-Ethernet0/0/2]port link-type access
[SW1-Ethernet0/0/2]port default vlan 20
[SW1-Ethernet0/0/2]quit
[SW1]interface Ethernet0/0/24
[SW1-Ethernet0/0/24]port link-type trunk
[SW1-Ethernet0/0/24]port trunk allow-pass vlan 10 20
```

②配置 SW2。

参考 SW1 的配置，过程略。

在设备上完成以上配置后，为各个 PC 配置 IP 地址，保证各 IP 地址在同一网段内即可。

此时，VLAN 10 内的 PC 可以互相访问，而 VLAN 10 与 VLAN 20 的 PC 不可互相访问。

5.3.3 远程登录相关配置

前面提到,网络设备支持多种登录管理方式,包括 Console 口登录、Telnet 登录、STelnet 登录及 Web 管理等。在这些不同的登录管理方式中,通过 Console 口登录是最基本的登录管理方式,它是其他几种登录管理方式的基础。也就是说,其他的登录管理方式必须先通过 Console 口登录设备后进行必要的配置才可以进行。本节主要介绍 Telnet 远程登录和 STelnet 远程登录的相关配置。

5.3.3.1 Telnet 远程登录相关配置

根据图 5-10 所示的 Telnet 登录管理的拓扑结构,先要确保终端 PC 和 Telnet 服务器之间通信正常,即从配置终端能够 ping 通 Telnet 服务器维护网口的 IP 地址,再设置用户登录时使用的参数,包括对登录用户的验证方式、登录用户级别等。

对登录用户的验证方式有 3 种,包括不验证(none)、密码(password)验证和 AAA 验证。系统默认采用不验证的方式,即 Telnet 到服务器后,不需要输入任何信息;采用密码验证方式时,登录用户需要输入正确的密码才能完成登录;而采用 AAA 验证方式时,登录用户需要输入正确的用户名和密码才能完成登录。

【例 5-17】 Telnet 远程登录配置。

由于 STelnet 远程登录验证方式只能是 AAA 验证方式,因此本例在讲解 Telnet 相关配置时采用了密码验证方式,AAA 验证方式在 STelnet 远程登录中讲解。登录用户默认级别是 0 级,登录密码为"Huawei@123",下面给出详细的配置过程。

(1)执行"system-view"命令,进入系统视图。

    <Huawei>system-view

(2)执行"user-interface vty first-ui-number last-ui-number"命令,进入 VTY 用户界面视图。

    [Huawei]user-interface vty 0 4

(3)执行"protocol inbound telnet"命令,配置 VTY 用户界面支持 Telnet 协议。

    [Huawei-ui-vty0-4]protocol inbound telnet

(4)执行"authentication-mode password"命令,设置验证方式为密码验证。

    [Huawei-ui-vty0-4]authentication-mode password

(5)执行"set password cipher|simple Huawei@123",设置登录密码。

    [Huawei-ui-vty0-4]set authentication password cipher Huawei@123

(6)执行"user privilege level 0"命令,设置登录用户默认级别。

    [Huawei-ui-vty0-4]user privilege level 0

5.3.3.2 STelnet 远程登录相关配置

由于通过 STelnet 登录设备需配置用户界面支持的协议是 SSH,因此必须设置 VTY 用户界面验证方式为 AAA 验证,否则执行"protocol inbound ssh"命令配置 VTY 用户界面支持

SSH 协议将不会成功。

此外,SSH 用户用于 STelnet 登录,在配置 VTY 用户界面的验证方式为 AAA 验证的基础上,还需要配置 SSH 用户的验证方式。SSH 用户验证方式支持密码验证、RSA(rivest-shamir-adleman)验证、椭圆曲线加密(elliptic curves cryptography,ECC)验证、密码+RSA(Password-RSA)验证、密码+椭圆曲线(Password-ECC)验证和所有(ALL)验证。

(1)Password 验证:一种基于"用户名+密码"的验证方式。通过 AAA 为每个 SSH 用户配置相应的密码,在通过 SSH 登录时,输入正确的用户名和密码就可以实现登录。

(2)RSA 验证:一种基于客户端私钥的验证方式。RSA 是一种公开密钥加密体系,基于非对称加密算法。RSA 密钥由公钥和私钥两部分组成,在配置时需要将客户端生成的 RSA 密钥中的公钥部分复制到服务器中,服务器用此公钥对数据进行加密。设备作为 SSH 客户端最多只能存储 20 个密钥。

(3)ECC 验证:一种椭圆曲线算法。与 RSA 相比,在相同安全性能下 ECC 密钥长度小、计算量小、处理速度快、存储空间小、带宽要求低。

(4)Password-RSA 验证:SSH 服务器对登录的用户同时进行密码验证和 RSA 验证,只有在两者同时正确的情况下,才能验证通过。

(5)Password-ECC 验证:SSH 服务器对登录的用户同时进行密码验证和 ECC 验证,只有在两者同时正确的情况下,才能验证通过。

(6)ALL 验证:SSH 服务器对登录的用户进行 RSA 验证、ECC 验证或 Password 验证,只要其中任何一个正确,即可验证通过。

【例 5-18】 STelnet 远程登录配置。

假定 STelnet 登录用户名为"Huawei",密码为"Huawei@123",SSH 用户验证方式为 Password 验证,登录用户默认级别为 0 级,下面给出具体的配置过程。

(1)进入 AAA 视图,创建远程登录用户。

```
[Huawei]aaa
[Huawei-aaa]local-user Huawei password cipher Huawei@123
[Huawei-aaa]local-user Huawei privilege level 0
[Huawei-aaa]local-user Huawei service-type telnet ssh
```

(2)进入用户界面视图,配置验证方式为 AAA 验证,用户级别为 0 级,支持 SSH 协议。

```
[Huawei]user-interface vty 0 4
[Huawei-ui-vty0-4]authentication-mode aaa
[Huawei-ui-vty0-4]user privilege level 0
[Huawei-ui-vty0-4]protocol inbound ssh
```

(3)配置 SSH 用户验证方式,此处为简单起见,将其配置为 Password 验证。RSA 验证涉密钥创建,有兴趣的读者可自行查阅相关产品手册。

```
[Huawei]ssh user Huawei authentication-type password
```

（4）配置 SSH 服务器功能。

```
[Huawei]stelnet server enable
[Huawei]rsa local-key-pair create
The key name will be:Host
% RSA keys defined for Host already exist
Confirm to replace them? (y/n)[n]:y
The range of public key size is (512~2048)
NOTES:If the key modulus is greater than 512
It will take a few minutes.
Input the bits in the modulus[default = 512]
Generating keys..........
.......................+++++++++++++
.................+++++++++++
...........++ + + + + + + +
```

5.3.3.3 Web 登录相关配置

一般情况下，设备支持 HTTP 或 HTTPS 方式登录管理设备，但出于安全考虑，建议关闭 HTTP 方式，采用 HTTPS 方式登录管理设备。

配置 Web 登录管理设备一般包含如下 3 个步骤：

（1）配置维护接口。

（2）配置 Web 登录用户。

（3）开启 HTTPS，配置协议参数。

接下来以案例形式分别介绍在 AR 路由器及 USG6000V 防火墙上配置 Web 登录的详细过程。

【例 5-19】 AR 路由器 Web 登录配置。

Web 登录 AR 路由器拓扑如图 5-17 所示。

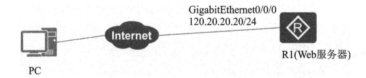

图 5-17 Web 登录 AR 路由器拓扑

通过 Console 接口登录设备后，使用 CLI 按如下步骤完成 Web 登录相关配置。

（1）配置维护接口 IP 地址。

```
<Huawei>system-view
[Huawei]interface GigabitEthernet0/0/0
[Huawei-GigabitEthernet0/0/0]ip add 120.20.20.20 24
```

（2）配置 Web 登录用户，用户名为"Huawei"，密码为"Huawei@123"。

［Huawei］aaa
［Huawei-aaa］local-user Huawei password cipher Huawei@123
［Huawei-aaa］local-user Huawei service-type web

（3）开启 HTTPS，配置相关参数，AR 路由器上 HTTPS 默认使用端口"8443"。

［Huawei］http server enable
［Huawei］http secure-server port 8443

完成以上配置后，在 PC 上打开浏览器，使用 URL"https://120.20.20.20:8443"即可登录管理路由器。

【例 5-20】　USG6000V 防火墙 Web 登录配置。

Web 登录 USG6000V 防火墙拓扑如图 5-18 所示。

图 5-18　Web 登录 USG6000V 防火墙拓扑

通过 Console 接口登录设备后，使用 CLI 按如下步骤完成 Web 登录相关配置。

（1）配置维护接口 IP 地址，并将接口划分到某个安全区域（如 trust 区域）中。

<USG6000V>system-view
［USG6000V］interface GigabitEthernet0/0/0
［USG6000V-GigabitEthernet0/0/0］ip add 120.20.20.20 24
［USG6000V1］firewall zone trust
［USG6000V-zone-trust］add interface GigabitEthernet0/0/0

（2）配置 Web 登录用户，用户名为"Huawei"，密码为"Huawei@123"。

［USG6000V］aaa
［USG6000V-aaa］local-user Huawei password cipher Huawei@123
［USG6000V-aaa］local-user Huawei service-type web

（3）开启 HTTPS，配置相关参数，USG6000V 防火墙上 HTTPS 默认使用端口"8443"。

<USG6000V>system-view
［USG6000V］interface GigabitEthernet0/0/0
［USG6000V1-GigabitEthernet0/0/0］service-manage https permit

完成以上配置后，在 PC 上打开浏览器，使用 URL"https://120.20.20.20:8443"即可登录管理防火墙。

项目实训　组建虚拟局域网

1.任务背景

某公司设有财务部、行政部、市场部和研发部,整个公司的办公区分为两层,财务部和行政部在一楼办公区,通过交换机 LSW1 连接网络,市场部和研发部在二楼办公区,通过交换机 LSW2 连接网络。为了使各部门互不干扰,需要将各部门单独组成一个网络,实现各网络内部互相通信。

2.需求分析

由任务背景可知,该公司要组建的网络需要根据职能部门进行划分。由于公司的 4 个部门的办公区分布在两层,为了确保各部门内部通信的安全性、连接网络的灵活性及网络管理的便利性,可以采用按接口划分的方式组建虚拟局域网,将每个职能部门划分在一个虚拟局域网组中,实现虚拟局域网组内可互通,通过三层交换机实现各部门主机之间的通信。

3.规划设计

在图 5-19 所示的任务拓扑图中,划分为 VLAN 10、VLAN 20、VLAN 30、VLAN 40 共 4 个虚拟局域网,并且分配了 4 个 IP 网络号,VLAN ID 值、所属部门、设备名、对应接口、网段和网关地址如表 5-10 所示,配置实现各虚拟局域网内部能互相通信,并测试连通性。

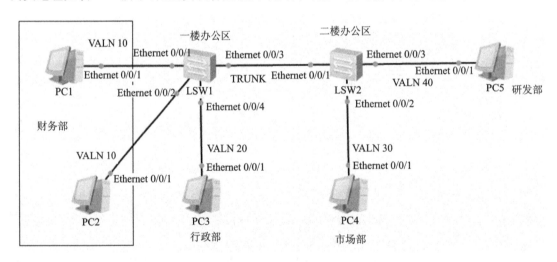

图 5-19　任务拓扑图

表 5-10　IP 地址分配

VLAN ID	所属部门	设备名	对应接口	网段	网关地址
10	财务部	LSW1	Ethernet 0/0/1 和 Ethernet 0/0/2	10.1.10.0/24	10.1.10.254/24
20	行政部	LSW1	Ethernet 0/0/4	10.1.20.0/24	10.1.20.254/24
30	市场部	LSW2	Ethernet 0/0/2	10.1.30.0/24	10.1.30.254/24
40	研发部	LSW2	Ethernet 0/0/3	10.1.40.0/24	10.1.40.254/24

4.实施步骤

(1)在 LSW1 和 LSW2 上分别都创建 VLAN 10、VLAN 20、VLAN 30 及 VLAN 40。

```
<Huawei>system-view
[Huawei]VLAN 10
[Huawei]VLAN 20
[Huawei]VLAN 30
[Huawei]VLAN 40
```

(2)在 LSW1 和 LSW2 上分别创建 VLAN 10、VLAN 20、VLAN 30 及 VLAN 40 的虚拟接口地址。

```
[LSW1]int vlanif 10
[LSW1-Vlanif10]ip add 10.1.10.254 255.255.255.0
[LSW1-Vlanif10]int vlanif 20
[LSW1-Vlanif20]ip add 10.1.20.254 255.255.255.0
[LSW2-Vlanif20]int vlanif 30
[LSW2-Vlanif30]ip add 10.1.30.254 255.255.255.0
[LSW2-Vlanif30]int vlanif 40
[LSW2-Vlanif40]ip add 10.1.40.254 255.255.255.0
```

(3)配置接入链路,配置 Access 接口。

```
//配置 LSW1 的 Ethernet0/0/1 接口和 Ethernet 0/0/2 接口为接入接口,划分到 VLAN 10
[LSW1]port-group vlan 10
[LSW1-port-group-vlan 10]group-member Ethernet 0/0/1 to e0/0/2
[LSW1-port-group-vlan 10]port link-type access
[LSW1-port-group-vlan 10]port default vlan 10
//配置 LSW1 的 Ethernet0/0/4 接口为接入接口,划分到 VLAN 20 中
[LSW1]int e0/0/4
[LSW1-ethernet0/0/4]port link-type access
[LSW1-ethernet0/0/4]port default vlan 20
//配置 LSW2 的 Ethernet0/0/2 接口为接入接口,划分到 VLAN 30 中
[LSW2]int e0/0/2
[LSW2-ethernet0/0/2]port link-type access
[LSW2-ethernet0/0/2]port default vlan 30
//配置 LSW2 的 Ethernet0/0/3 接口为接入接口,划分到 VLAN 40 中
[LSW2]int e0/0/3
[LSW2-ethernet0/0/3]port link-type access
[LSW2-ethernet0/0/3]port default vlan 40
```

(4)配置 Trunk 链路。

```
//进入 LSW1 的 Ethernet0/0/3 接口
[LSW1]int e0/0/3
[LSW1-ethernet0/0/3]port link-type trunk
[LSW1-ethernet0/0/3]port trunk allow-pass vlan 10 20 30 40
//进入 LSW2 的 Ethernet 0/0/1 接口
[LSW2]int e0/0/1
[LSW2- ethernet0/0/1]port link-type trunk
[LSW2- ethernet0/0/1]port trunk allow-pass vlan 10 20 30 40
```

(5)验证测试,从 PC1 先 ping 本地网络,即财务部的主机,再 ping 行政部、市场部、研发部的主机,均能 ping 通。

任务工作单 5-1　组建虚拟局域网

1. 任务目的

通过学习本任务，了解虚拟局域网的基本概况，掌握虚拟局域网的工作原理和划分方法，具备虚拟局域网的部署实施能力

2. 任务要求

(1)根据项目实训 5.1 的任务背景组建虚拟局域网。

(2)测试网络的连通性

3. 讨论与项目考核

(1)为什么要采用虚拟局域网技术？虚拟局域网技术有哪些优势？解决了什么问题？

(2)除了以上实现方案，还可以如何规划部署，以实现项目需求？

4. 网络拓扑结构和设备配置的截图

5. 测试结果的截图

学习评价表 5-1　组建虚拟局域网

评价日期：　　　　　　　　　　　　　　　　　　　　成绩：

考核项目	考核要求	评分标准	分值	自评(40%)	师评(60%)	总评得分
能力目标	(1)根据需求组建虚拟局域网。 (2)测试网络的连通性	(1)网络拓扑结构布局简洁、美观,标注清晰。(28分) (2)连线正确,设备配置正确。(28分) (3)测试网络的连通性(14分)	70分			
素质目标	纪律表现	无迟到、早退或中途无故离开实训室等现象;尊重老师,团结同学(5分)	30分			
	爱护设备、保护机房环境	安全、正确地操作设备;保持座位周围整洁,不乱扔垃圾;离开实训室时将设备、配件和桌椅放回原位,并摆放整齐(5分)				
	团队协作能力	与小组成员配合良好,服从老师和组长的安排,积极主动地完成任务(5分)				
	严谨认真、诚实守信、精益求精	在完成任务的过程中,严谨认真,诚实守信,不抄袭、不窃取他人成果;对任务精益求精,高质量地提交成果(10分)				
	总结与反思	思维活跃,积极互动,总结并反思问题与收获,正确评价(5分)				

项目 6 Internet 接入与应用

◆ 项目描述

组建好的局域网需要和 Internet 进行连接，那么，局域网是如何接入 Internet 的呢？Internet 上的应用太丰富了，可以浏览网站、发电子邮件，还能搜索资料、网络聊天，这么多的Internet 应用服务是如何实现的呢？下面我们就带着问题一起来学习吧。

◆ 学习目标

知识目标：

（1）了解 Internet 的发展；

（2）掌握 DNS 的基本知识和应用；

（3）了解 WWW 的基础知识；

（4）了解电子邮件收发过程；

（5）掌握 FTP 服务的工作原理；

（6）了解 Internet 接入技术。

技能目标：

（1）能够设置并使用 DNS 服务；

（2）能够使用 WWW 服务；

（3）能够使用搜索引擎学习知识；

（4）能够收发电子邮件；

（5）能够使用 FTP 服务。

素养目标：

（1）具备利用 Internet 服务解决实际问题的能力；

（2）培养团结协作精神；

（3）提高自主探索解决问题的能力。

任务 6.1　认识 Internet

6.1.1　Internet 概述

Internet 即通常所说的国际互联网,是指全球最大的、开放的、基于 TCP/IP 协议的众多网络相互连接而成的计算机网络。Internet 的中文名为因特网。Internet 的主要功能就是它能够使不同的计算机系统(甚至不同系统的网络)彼此之间进行通信,从而使这些计算机系统的用户之间进行交互。在过去的 20 余年中,Internet 改变了人们通信、工作、购物以及其他很多活动的方式。现在,它已经与人们的生活紧密结合在一起。计算机技术之所以如此引人注目,发展如此之快,Internet 发挥了决定性的作用。

6.1.1.1　Internet 的起源

Internet 的雏形是由美国国防部高级研究计划署资助建成的 ARPANET,它是冷战时期由军事需要驱动而产生的高科技成果。

美国国防部高级研究计划署是为了与苏联展开军备竞赛于 1958 年年初成立的国防科学研究机构。那个时期冷战双方所拥有的原子弹都足以把对方的军队毁灭多次,因此美国国防部最担心的莫过于战争突发时美国军队的通信联络能力。当时美国军队采用的是中央控制网络,这种网络的弊病在于,只要摧毁网络的控制中心,就可以摧毁整个网络。

1968 年 6 月 21 日,美国国防部高级研究计划署正式批准了名为"资源共享的计算机网络"的研究计划,以使连入网络的军队能从中受益。这个计划的目标实质上是研究用于军事目的的分布式计算机系统,通过这个名为 ARPANET 的网络把美国的几个军事及研究用的计算机主机连接起来,形成一个新的军事指挥系统。这个系统由一个个分散的指挥点组成,当部分指挥点被摧毁后,其他指挥点仍能正常工作,而这些分散的指挥点又能通过某种形式的通信网取得联系。

6.1.1.2　Internet 的第一次快速发展

Internet 的第一次快速发展是在 20 世纪 80 年代中期。1986 年,另一个美国政府机构——国家科学基金会(National Science Foundation,NSF)开发了由 5 个超级计算机中心相连的网络。当时美国许多大学和学术机构建成的一批地区性网络与 5 个超级计算机中心相连,形成了一个新的大网络——NSFNET,该网络上的成员之间可以互相通信,从而开启了Internet 的快速发展。

最初,NSF 试图用 ARPANET 作为 NSFNET 的通信干线,但这个设想没有取得成功。由于 ARPANET 属于军用性质,并且受控于政府机构,所以要从 ARPANET 起步,把它作为Internet 的基础并不是一件容易的事情。20 世纪 80 年代是网络技术取得巨大进展的年代,不仅涌现出大量用以太网电缆和工作站组成的局域网,而且奠定了建立大规模广域网的技术基础,发展 NSFNET 的计划正是在这样的背景下提出的。1982 年,在 ARPA 资助下,加利福尼亚大学伯克利分校将 TCP/IP 协议嵌入 UNIXBSD 4.1 版,这极大地推动了 TCP/IP 的应用进程。1983 年,TCP/IP 成为 ARPANET 上标准的通信协议,这标志着真正意义上的 Internet 出现了。1988 年年底,NSF 把美国建立的五大超级计算机中心用通信干线连接起来,组成全国科学技术网 NSFNET,并以此作为 Internet 的基础,实现同其他网络的连接。

采用 Internet 名称是在 MILNET(由 ARPANET 分出)实现和 NSFNET 连接后开始的。随后,其他联邦部门的计算机网络相继并入 Internet,如能源科学网 ESnet、航天技术网 NA-SAnet、商业网 COMnet 等。NSF 巨型计算机中心则一直肩负着扩展 Internet 的使命。

Internet 在 20 世纪 80 年代的扩张不仅带来量的改变,同时也带来某些质的变化。由于多种学术团体、研究机构甚至个人用户进入,Internet 的使用者不再限于"纯粹"的计算机专业人员。新的使用者发现,加入 Internet 除了可共享 NSF 的巨型计算机中心的运算能力外,还能进行相互间的通信,而这种相互间的通信更有吸引力。于是,他们逐步把 Internet 当作一种通信的工具,而不仅仅是共享 NSF 巨型计算机中心的运算能力。

6.1.1.3 Internet 的第二次飞跃

Internet 的第二次飞跃应当归功于 Internet 的商业化。在 20 世纪 90 年代以前,Internet 的使用一直仅限于军事领域和学术领域,商业性机构进入 Internet 一直受到这样或那样的法规或传统问题的困扰。例如,美国国家科学基金会颁发的 Internet 使用指南就这样提道:"NSFNET 主干线仅限于美国国内科研及教育机构,把它用于公开的科研及教育目的,以及美国企业的研究部门把它用于公开学术交流,任何其他使用均不允许。"到了 20 世纪 90 年代初,Internet 的相关研究已不是全部由政府机构出钱,获得了一些私人的投资。正是由于这些私人的加入,在 Internet 上开展商业活动有了可能。

1991 年,General Atomics、Performance Systems International、Uunet Technologies 三家公司组成了商业 Internet 协会(Commercial Internet Exchange Association),宣布用户可以把他们的 Internet 子网用于任何商业用途。因为这三家公司分别经营着自己的 CERFnet、PSInet 及 Altermet 网络,可以在一定程度上绕开由美国国家科学基金会出资的 Internet 主干网络 NSFNET,而向客户提供 Internet 连网服务。真可谓一石击起千层浪,其他 Internet 的商业子网也看到了 Internet 用于商业的巨大潜力,纷纷作出类似的承诺,到 1991 年年底,连专门为 NSFNET 建立高速通信线路的 Advanced Network and Service Inc. 也公布了自己的名为 CO+RE 的商业化 Internet 骨干通道。Internet 商业化服务提供商的接连出现,使工商企业终于可以堂堂正正地从"正门"进入 Internet。

6.1.1.4 Internet 的完全商业化

商业机构一踏入 Internet 这一陌生的世界,很快就发现了它在通信交流、资料检索、客户服务等方面的巨大潜力。于是世界各地的企业及个人纷纷涌入 Internet,带来了 Internet 发展史上又一次质的飞跃。到 1994 年年底,Internet 已连通全世界 150 个国家和地区,连接着 3 万多个子网,320 多万台计算机主机,直接用户超过 3500 万,成为世界上最大的计算机网络。

看到 Internet 的羽翼已丰,NSFNET 意识到已经完成了自己的历史使命。1995 年 4 月 30 日,NSFNET 正式宣布停止运作,代替它的是由美国政府指定的 General Atomics、Performance Systems International、Uunet Technologies。至此,Internet 的商业化彻底完成。

6.1.2 Internet 的基本组成

Internet 连接了分布在世界各地的计算机,任何人、任何团体都可以加入 Internet。对用户开放,对服务提供者开放正是 Internet 获得成功的重要原因。

从 Internet 的结构角度看,它是一个使用路由器将分布在世界各地的、数以万计的、规模不一的计算机网络互连起来的网际网。Internet 的逻辑结构如图 6-1 所示。

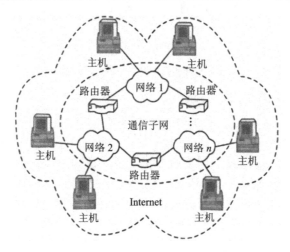

图 6-1 Internet 的逻辑结构图

从 Internet 使用者的角度看,Internet 是由大量计算机连接在一个巨大的通信系统平台上而形成的一个全球范围的信息资源网。

Internet 的组成部分主要有通信线路、路由器、主机、信息资源等。

6.1.2.1 通信线路

通信线路是 Internet 的基础设施,它负责将 Internet 中的路由器与网络连接起来。通常使用"带宽"与"传输速率"等术语来描述通信线路的数据传输能力。通信线路的最大传输速率与它的带宽成正比。通信线路的带宽越宽,它的传输速率越高。

传输速率,指的是每秒钟可以传输的比特(bit)数,它的单位为 bit/s。为了书写与表达方便,经常使用以下表示方法:

$1\text{kbit/s}=1024\text{bit/s}\approx10^3\text{bit/s}$

$1\text{Mbit/s}=1024\times1024\text{bit/s}\approx10^6\text{bit/s}$

$1\text{Gbit/s}=(1024)^3\text{bit/s}\approx10^9\text{bit/s}$

6.1.2.2 路由器

路由器是 Internet 中最重要的设备之一,它负责将 Internet 中的各个局域网或广域网连接起来。当数据从一个网络传输到路由器时,它需要根据数据所要到达的目的地,通过路径选择算法为数据选择一条最佳的输出路径。如果路由器选择的输出路径比较拥挤,那么路由器将负责管理数据传输的等待队列。当数据从源主机出发后,往往需要经过多个路由器的转发,经过多个网络才能到达目的主机。

6.1.2.3 主机

主机是 Internet 中不可缺少的成员,它是信息资源与服务的载体。Internet 中的主机既可以是大型计算机,又可以是普通的微型计算机或便携计算机。

按照在 Internet 中的用途,主机可以分为两类,即服务器与客户机。服务器是信息资源与服务的提供者,它一般是性能比较高、存储容量比较大的计算机。服务器根据它所提供的服务功能不同,可以分为文件服务器、数据服务器、WWW 服务器、FTP 服务器、E-mail 服务器与域名服务器等。

客户机是信息资源与服务的使用者,它可以是普通的微型计算机或便携计算机。服务器使用专用的服务器软件向用户提供信息资源与服务,而用户使用各类 Internet 客户端软件(例如浏览器)来访问信息资源或服务。

6.1.2.4 信息资源

信息资源是用户最关心的问题,它会影响 Internet 受欢迎的程度。Internet 的发展方向是如何更好地组织信息资源,并使用户快捷地获得信息。WWW 服务的出现使信息资源的组织方式更加合理,而搜索引擎的出现使信息的检索更加快捷。

在 Internet 中存在很多类型的信息资源,例如文本、图像、声音与视频等多种信息类型,并涉及社会生活的各个方面。通过 Internet,用户可以查找科技资料,获得商业信息,下载流行音乐,参与联机游戏或收看网上直播等。

6.1.3 Internet 的域名机制

Internet 是由很多网络组成的,可以把这些网络按照一定的逻辑划分成很多的域,大的域里包含小的域,一直细分到某台具体的主机。

Internet 的域名系统采用的是典型的层次结构。域名系统将整个 Internet 划分为多个顶级域,并为每个顶级域规定了通用的顶级域名。表 6-1 为顶级域名的分配。

表 6-1 顶级域名的分配

顶级域名	分配对象
com	商业组织
edu	教育机构
gov	政府部门
mil	军事部门
net	主要网络支持中心
org	上述以外的组织
int	国际组织
国家(地区)代码	各个国家(地区)

由于美国是 Internet 的发源地,因此美国的顶级域名是以组织模式划分的。其他国家(地区)的顶级域名是以地理模式划分的,每个申请接入 Internet 的国家(地区)都可以作为一个顶级域出现。例如,cn 代表中国,fr 代表法国,uk 代表英国,ca 代表加拿大。

各个国家(地区)网络信息中心(Network Information Center,NIC)将顶级域的管理权授予指定的管理机构,各个管理机构再为它们所管理的域分配二级域名,并将二级域名的管理权授予其下属的管理机构,如此层层细分,就形成了 Internet 域名的层次结构,如图 6-2 所示。

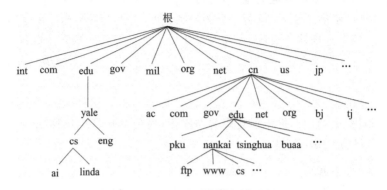

图 6-2 Internet 域名的层次结构

在域名系统中,每个域是由不同的组织来管理的,而这些组织又可将其子域分给其他组织来管理。中国互联网络信息中心(China Internet Network Information Center,CNNIC)负责管理我国的顶级域,它将 cn 域划分为多个二级域。我国二级域的划分采用了两种模式——组织模式与地理模式。

按组织模式划分的二级域名中,ac 表示科研机构,com 表示商业组织,edu 表示教育机构,gov 表示政府部门,int 表示国际组织,net 表示网络支持中心,org 表示各种非营利性组织。在地理模式中,bj 代表北京市,sh 代表上海市,tj 代表天津市,he 代表河北省,hl 代表黑龙江省,nm 代表内蒙古自治区,hk 代表中国香港特别行政区,等等。

CNNIC 将我国教育机构的二级域(edu 域)的管理权授予中国教育和科研计算机网(China Education and Research Network,CERNET)网络中心。CERNET 网络中心将 edu 域划分为多个三级域,将三级域名分配给各个大学与教育机构。例如,edu 域下的 nankai 代表南开大学,并将 nankai 域的管理权授予南开大学网络管理中心。南开大学网络管理中心又将nankai 域划分为多个四级域,将四级域名分配给下属部门或主机。例如,nankai 域下的 cs 代表计算机系。

Internet 主机域名的排列原则是低层的子域名在前面,而它们所属的高层域名在后面。Internet 主机域名的一般格式为"四级域名.三级域名.二级域名.顶级域名"。

由此我们知道,www.cs.nankai.edu.cn 表示中国南开大学计算机系的 www 主机。

6.1.4 Internet 的服务功能

Internet 之所以发展如此迅速,是因为它能以非常直观的形式向不同用户提供服务。由于 Internet 是基于 TCP/IP 协议体系的,一般而言,一种 Internet 服务总是对应着一种 TCP/IP 协议体系的应用层协议。

6.1.4.1 应用层协议简介

在 Internet 应用中,经常接触到的应用层协议有 DNS、HTTP、SMTP、POP3、FTP、Telnet 等。

（1）DNS（domain name service）——域名服务。

DNS主要作用是根据一台主机的域名进行分析，得到该主机的IP地址。

（2）HTTP（hyper text transfer protocol）——超文本传输协议。

用户在访问一个Web网站时，客户机和服务器之间通过HTTP进行交互请求和发送数据。发送的数据就是HTML文档。

（3）SMTP（simple mail transfer protocol）——简单邮件传输协议。

SMTP用于将一封电子邮件发送给收件人邮箱所处的服务器。

（4）POP3（post-office protocol-version 3）——邮局协议版本3。

POP3用于将邮件服务器上的电子邮件传送到用户的计算机上。

（5）FTP（file transfer protocol）——文件传输协议。

FTP用于在两台计算机之间传递文件。

（6）Telnet——远程登录协议。

Telnet用于为网络中的其他计算机提供远程登录功能。

6.1.4.2 DNS服务

6.1.3节介绍了Internet的域名机制，通常构成域名的各个部分（各级域名）都具有一定的含义，相对于主机的IP地址来说更容易记忆。但域名只是为用户提供了一种方便记忆的手段，主机之间进行通信，仍然需要知道彼此的IP地址（这样才能形成IP数据报）。所以，当应用程序收到用户输入的域名时，必须提供一种域名解析机制，负责将域名映射为对应的IP地址。

（1）域名服务器。

那么，到哪里去寻找一个域名所对应的IP地址呢？这就要借助一组既独立又相互协作的域名服务器来完成。这组服务器提供的服务称为域名服务。

在Internet中有很多区域，几乎每一个区域都有独立的域名服务器。对应域名的层次结构，域名服务器也有一定的层次结构，如图6-3所示。在每一个域名服务器中，都存放着区域数据库文件，数据库中记载着该区域有关域名服务的资源记录，如主机记录、域名服务器记录等。

例如，在nankai.edu.cn子域内，有一台机器的IP地址为202.113.27.11，域名为www.nankai.edu.cn。那么，在域名服务器上记载一个域，域名为nankai.edu.cn，在域中记载一条主机记录，主机名为www，对应的IP地址为202.113.27.11。

（2）域名解析过程。

当一台主机在应用程序（如浏览器）中使用域名访问Internet上的另一台主机（如一个网站）时，该主机会请求DNS进行域名解析。

域名解析采用自顶向下的算法，即从根服务器开始直到叶服务器。然而，如果每一个解析请求都从根服务器开始，那么到达根服务器的信息量就太大了。实际上，域名解析过程一般是从本地域名服务器开始的，当本地域名服务器不能完成解析任务时，再向上层提交。

例如，在图6-3中，位于nankai.edu.cn域的一台计算机A要访问主机B，如果主机B也在nankai.edu.cn子域中，那么，域名解析由nankai.edu.cn域的域名服务器就可以完成；如果主机B位于tsinghua.edu.cn子域中，那么域名解析经过了nankai.edu.cn子域服务器→edu.cn子域服务器→tsinghua.edu.cn子域服务器才得以完成。

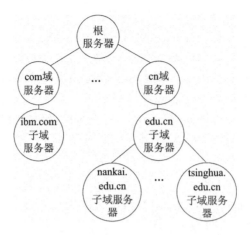

图 6-3　域名服务器层次结构示意图

在 Internet 中,主机之间总是用域名来通信的,因此域名解析请求的频率很高。域名解析的效率影响到 Internet 的访问效率,在实际的域名解析过程中,采用了高速缓冲技术来提高解析效率。

在主机和域名服务器的高速缓存区内,存放着最近解析过的域名-IP 对应关系,每一个缓存的域名-IP 对应关系项都有一个有效生存时间(time to live,TTL),它规定了该映射关系在缓存区中保留的最长时间。TTL 总是随着时间的流逝而减小,当 TTL 为 0 时,该映射关系就会被删除,从而保证缓存区内各条目的正确性。

当需要进行域名解析时,主机首先在自己的缓存区内查找,如果找不到,则将请求发给本地域名服务器。本地域名服务器收到请求后,先在缓存区内查找,如果找不到,则在数据库文件中查找;如果仍然找不到,则通过其他域名服务器查找。

完整的域名解析过程如图 6-4 所示。

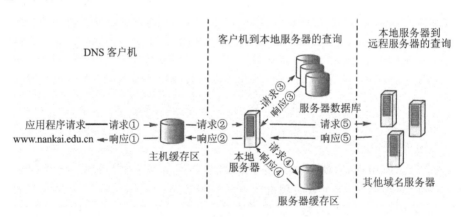

图 6-4　完整的域名解析过程

6.1.4.3　WWW 服务

WWW(world wide web)的中文名为万维网,它的出现是 Internet 发展中的一个里程碑。WWW 服务是 Internet 上最方便、最受用户欢迎的信息服务类型,它的影响力已远远超出了专业技术范畴,并已进入电子商务、远程教育、远程医疗、信息服务等领域。

1)超文本与超媒体

要想了解 WWW,首先要了解超文本与超媒体的基本概念,因为它们是 WWW 的信息组织形式,也是 WWW 实现的关键技术。

在 WWW 系统中,信息是按超文本方式组织的。用户直接看到的是文本信息本身,在浏览文本信息的同时,随时可以选中其中的"超链接"。通过"超链接"可以跳转到其他文本信息。超媒体进一步扩展了超文本所链接的信息类型。用户不仅能从一个文本跳到另一个文本,而且可以激活一段声音,显示一个图形,甚至可以播放一段动画。

WWW 是以超文本标记语言(hyper text markup language,HTML)与超文本传输协议(HTTP)为基础,能够提供面向 Internet 服务的、一致的用户界面的信息浏览系统。

WWW 系统的结构采用了客户机/服务器模式,它的工作原理如图 6-5 所示。信息资源以主页(也称网页)的形式存储在 WWW 服务器中,用户通过 WWW 客户端程序(浏览器)向 WWW 服务器发出请求;WWW 服务器根据客户端请求内容,将保存在 WWW 服务器中的某个页面发送给客户端;浏览器在接收到该页面后对其进行解释,最终将图、文、声并茂的画面呈现给用户。用户通过页面中的链接,可以方便地访问位于其他 WWW 服务器中的页面,以及其他类型的网络信息资源。

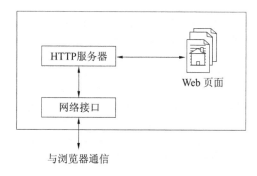

图6-5　WWW 客户机/服务器工作原理示意图

2)URL 与信息定位

在 Internet 中有如此众多的 WWW 服务器,而每台服务器中又包含很多主页,我们如何才能找到想看的主页呢?

这时,就需要使用统一资源定位器(uniform resource locator,URL)。标准的 URL 由三部分组成:服务器类型、主机名和路径及文件名。例如,南开大学的 WWW 服务器的 URL 为 http://www.nankai.edu.cn/index.html,其中,"http:"指要使用 HTTP 协议,"www.nankai.edu.cn"指要访问的服务器的主机名,"index.html"指要访问主页的路径与文件名。

因此,通过使用 URL 机制,用户可以指定要访问什么服务器、哪台服务器、服务器中的哪个文件。

如果用户希望访问某台 WWW 服务器中的某个页面,只要在浏览器中输入该页面的 URL,便可以浏览到该页面,如图 6-6 所示。

3)主页

在 WWW 环境中,信息以信息页形式来显示与链接。信息页由 HTML 语言实现,并在信息页间建立了超文本链接以便浏览。

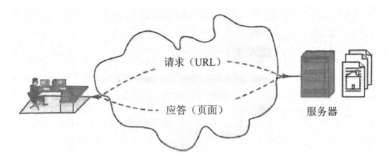

图 6-6 URL 请求与应答示意图

主页（Home Page）是一个反映网站基本信息框架的页面，通过主页上的超链接，用户可以访问网站其他的信息资源。

4）WWW 浏览器

WWW 浏览器是用来浏览 Internet 上的主页的客户端软件。WWW 浏览器为用户提供了寻找 Internet 上内容丰富、形式多样的信息资源的便捷途径。

现在的 WWW 浏览器功能非常强大，利用它可以访问 Internet 上的各类信息。更重要的是，目前的浏览器基本上都支持多媒体特性，可以通过浏览器来播放音频、视频与动画。

目前，最流行的浏览器软件主要是两种：谷歌公司的 Chrome 浏览器、微软公司的 Internet Explorer。

Internet Explorer 是微软公司开发的 WWW 浏览器软件。新版本的 Internet Explorer 将 Internet 中使用的整套工具集成在一起，可以使用它来浏览主页、收发电子邮件、阅读新闻组、制作与发布主页、上网聊天等。

Chrome 是一个由谷歌公司开发的网页浏览器。该浏览器是基于其他开源软件所撰写，包括 WebKit，目标是提升稳定性、速度和安全性，并创造出简单且有效率的使用者界面。

5）搜索引擎

Internet 中有数以百万计的 WWW 服务器，而且 WWW 服务器所提供的信息种类及所覆盖的领域也极为丰富，如果要求用户了解每台 WWW 服务器的主机名，以及它所提供的资源种类，这无异于天方夜谭。那么，用户如何在数百万个网站中快速、有效地查找想要得到的信息呢？这就需要借助于 Internet 中的搜索引擎。

搜索引擎是 Internet 上的一个 WWW 服务器，它的主要任务是在 Internet 中主动搜索其他 WWW 服务器中的信息并对其自动索引，将索引内容存储在可供查询的大型数据库中。用户可以利用搜索引擎所提供的分类目录和查询功能查找所需要的信息。百度搜索引擎是 Internet 上最常用的搜索引擎之一。

使用搜索引擎，用户只需要知道自己要查找什么，或要查找的信息属于哪一类，即可进行搜索。当用户将自己要查找信息的关键字告诉搜索引擎后，搜索引擎会返回给用户包含该关键字信息的 URL，并提供通向该站点的链接，用户通过这些链接便可以获取所需的信息。

6.1.4.4 电子邮件服务

1）电子邮件简介

电子邮件服务又称为 E-mail 服务。电子邮件是计算机用户用来发送信件的一组机制。

一个用户写好一封电子邮件,提供一个或多个收信人地址,然后将电子邮件发送出去。这封电子邮件最终到达它的目的地,收信人使用一个程序就可以看到邮件内容。

电子邮件为 Internet 用户提供了一种方便、快速、便宜的通信手段。电子邮件在电子商务中发挥着重要作用。例如,电子商务交易各方可以利用电子邮件传递合同、订单等。在传统通信中需要几天才能完成的传递过程,通过电子邮件系统仅用几分钟,甚至几秒钟就可以完成。

2)电子邮件系统的基本概念

Internet 中的电子邮件系统具有与现实中的邮政系统相似的结构与工作规程。不同之处在于,现实中的邮政系统是由人在运作着,而电子邮件是在计算机网络中通过计算机、网络、应用软件与协议来协调、有序地运行。Internet 中的电子邮件系统,同样设有邮局(邮件服务器)、邮箱(电子邮箱),并有自己的电子邮件地址书写规则。

(1)邮件服务器。邮件服务器(mail server)是 Internet 电子邮件系统的核心,它的作用与日常生活中的邮局相似。一方面,邮件服务器负责接收用户送来的邮件,并根据收件人地址将邮件发送到对方的邮件服务器中;另一方面,它负责接收由其他邮件服务器发来的邮件,并根据收件人地址分发到相应的电子邮箱中。

(2)电子邮箱。如果要使用电子邮件服务,那么首先要拥有一个电子邮箱(mail box)。电子邮箱是由提供电子邮件服务的机构(一般是 ISP)为用户建立的。当用户向 ISP 申请 E-mail 账户时,ISP 就会在它的邮件服务器上建立该用户的电子邮件账户,它包括用户名与用户密码。

任何人都可以将电子邮件发送到某个电子邮箱中,但只有电子邮箱的拥有者输入正确的用户名与用户密码时,才能查看电子邮件内容或处理电子邮件。

(3)电子邮件地址。每个电子邮箱都有一个邮箱地址,称为电子邮件地址(E-mail address)。电子邮件地址的格式是固定的,并且在全球范围内是唯一的。用户的电子邮件地址格式为"用户名@主机名"。其中,符号"@"表示"at",主机名指的是拥有独立 IP 地址的计算机的名字,用户名是指在该计算机上为用户建立的电子邮件账号。例如,在名为"nankai. edu. cn"的主机上,有一个名为 island 的用户,那么该用户的电子邮件地址为 island @ nankai. edu. cn。

现在,电子邮件系统不但可以传输各种格式的文本信息,还可以传输图像、声音、视频等多种信息,已成为多媒体信息传输的重要手段之一。

3)电子邮件的传递过程

在邮件服务器端,包括用来发送邮件的 SMTP 服务器、用来接收邮件的 POP3 服务器或 IMAP 服务器,以及用来存储电子邮件的电子邮箱;在邮件客户端,包括用来发送邮件的 SMTP 代理、用来接收邮件的 POP3 代理,以及为用户提供管理界面的用户接口程序。发送方通过自己的邮件客户端,将邮件发送到接收方的邮件服务器,这是电子邮件的发送过程;接收方通过自己的邮件客户端,将邮件从自己的邮件服务器下载下来,这是电子邮件的接收过程。

如果发送方要发送电子邮件,首先要通过邮件客户端书写电子邮件,然后将电子邮件发送给自己的邮件服务器;发送方的邮件服务器接收到发件人的电子邮件后,根据收件人的地址发送到接收方的邮件服务器中;接收方的邮件服务器收到其他服务器发来的电子邮件后,再根据收件人的地址分发到收件人的邮箱中。

如果接收方要接收电子邮件,首先要通过邮件客户端访问邮件服务器,然后从自己的邮箱中读取电子邮件,并对这些邮件进行相应的处理。至于发件人在将电子邮件发出后,电子邮件通过什么路径到达接收方的邮件服务器,整个传输过程可能是非常复杂的,但这个传输过程也不需要用户来介入,一切都是在 Internet 中自动完成的。电子邮件的传递过程如图 6-7 所示。

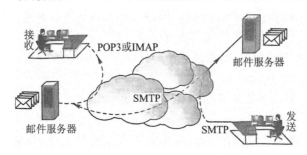

图 6-7　电子邮件的传递过程

4)电子邮件客户端软件

通过客户机的电子邮件应用程序,才能发送与接收电子邮件。能够实现电子邮件发送与接收功能的应用软件很多,其中最常用的主要有微软公司的 Outlook 软件、网景公司的 Messenger 软件,以及国内知名的 Foxmail 软件。

电子邮件应用程序的功能主要有两个方面:第一,电子邮件应用程序负责将写好的邮件发送到邮件服务器中;第二,它负责从邮件服务器中读取邮件,并对它们进行处理。

目前,电子邮件应用程序几乎可以运行在任何硬件与软件平台上。各种电子邮件应用程序所提供的服务功能基本上是相同的,通过它都可以完成以下操作:

①创建与发送电子邮件。

②接收、阅读与管理电子邮件。

③管理账号、邮箱与通信簿。

电子邮件应用程序向邮件服务器发送邮件时,使用的是简单邮件传输协议(SMTP);而电子邮件应用程序从邮件服务器中读取邮件时,可以使用 POP3 协议或 Internet 信息访问协议(internet message access protocol,IMAP),这取决于邮件服务器支持的协议类型。

5)电子邮件的信件格式

电子邮件与普通的邮政信件相似,也有自己固定的格式。电子邮件包括邮件头(mail header)与邮件体(mail body)两部分。

邮件头是由多项内容构成的,一部分是由系统自动生成的,例如发件人地址(From:)、邮件发送的日期与时间等;另一部分是由发件人自己输入的,例如收件人地址(To:)、抄送人地址(Cc:)、密件抄送人地址(Bcc:)、邮件主题(Subject:)等。

邮件体就是实际要传送的信函内容。传统的电子邮件系统只能传输文字信息,而采用多用途互联网邮件扩展(multipurpose internet mail extensions,MIME)的电子邮件系统不但能传输各种文字信息,而且能传输图像、语音与视频等多种信息,这就使得电子邮件的功能变得丰富起来。

6.1.4.5　文件传输服务

1)文件传输服务简介

文件传输服务是由 FTP 应用程序提供的,而 FTP 应用程序遵循的是 TCP/IP 协议族中的文件传输协议(FTP),它允许用户将文件从一台计算机传输到另一台计算机,并且能保证传输的可靠性。

由于采用 TCP/IP 协议作为 Internet 的基本协议,无论两台 Internet 上的计算机在地理位置上相距多远,只要它们都支持 FTP 协议,它们之间就可以随意相互传送文件。这样做不仅可以节省实时联机的通信费用,而且可以方便地阅读与处理传输过来的文件。

在 Internet 中,许多公司、大学的主机上含有数量众多的各种程序与文件,这是 Internet 巨大与宝贵的信息资源。通过使用 FTP 服务,用户可以方便地访问这些信息资源。

采用 FTP 传输文件时,不需要对文件进行复杂的转换,因此 FTP 服务的效率比较高。使用 FTP 服务后,好比每台连网的计算机都拥有一个容量巨大的备份文件库,这是单台计算机无法比拟的优势。

2)FTP 的工作过程

FTP 服务采用的是典型的客户机/服务器工作模式,提供 FTP 服务的计算机称为 FTP 服务器。它通常是信息服务提供者的计算机,相当于一个大的文件仓库。用户的本地计算机称为客户机。

将文件从 FTP 服务器传输到客户机的过程称为下载,将文件从客户机传输到 FTP 服务器的过程称为上传。

FTP 服务是一种实时的联机服务,用户在访问 FTP 服务器之前必须进行登录,登录时要求用户给出其在 FTP 服务器上的合法账号和口令。只有成功登录的用户才能访问该 FTP 服务器,并对授权的文件进行查阅和传输。

FTP 的这种工作方式限制了 Internet 上一些公用文件及资源的发布。为此,Internet 上的多数 FTP 服务器都提供了一种匿名 FTP 服务。

3)FTP 客户端程序

传统的 FTP 命令行是最早的 FTP 客户端程序,它在 Windows 中仍然能够使用,但是需要进入 MS-DOS 窗口。FTP 命令行包括了 50 多条命令,对初学者来说是比较难使用的。

目前的浏览器不但支持 WWW 方式访问,而且还支持 FTP 方式访问,通过它可以直接登录到 FTP 服务器并下载文件。例如,如果要访问南开大学的 FTP 服务器,只需在 URL 地址栏中输入"ftp://nankai.edu.cn"即可。

使用 FTP 命令行或浏览器从 FTP 服务器下载文件时,如果在下载过程中网络连接意外中断,那么下载完成的那部分文件将会丢失。FTP 下载工具可以解决这个问题,通过断点续传功能能可以继续下载剩余文件。

目前,常用的 FTP 下载工具主要有 FileZilla、FireFTP、FlashFXP、CuteFTP、LeapFTP 等。

6.1.4.6　Telnet 服务

Telnet 的目的是提供远程登录或虚拟终端的能力。换句话说,Telnet 用于访问网络上的其他计算机,取得对远程计算机的控制权。Telnet 这个术语既表示提供这些服务的程序,也表示提供这些服务的协议。

提供 Telnet 可以访问远程计算机,作为远程计算机的用户使用该计算机上授权的应用程序和数据。命令格式如下:

telnet IP 地址(或主机域名)

命令执行结果是要求以用户名登录并提供口令。如果系统接受,就可以进行访问。出于安全考虑,大多数时候 Internet 上的计算机不会对外部用户开放 Telnet 服务。Telnet 服务一般用于技术人员进行远程管理和维护。

任务 6.2 Internet 接入技术

网络为人们的生活和学习带来了方便,提供了便捷、高效率的服务,将一个单位的各部门连接成一个统一的整体,增强了工作流程的信息化、数字化,提高了工作效率,节省了办公经费。

随着网络技术和通信技术的高速发展,特别是 Internet 的飞速发展,全球一体化的学习和生活方式突显出来。人们不再仅仅满足于单位内部网络的信息共享,更需要和单位外部的网络,甚至世界各地的远程网络互相连接,享受一体化、全方位的信息服务。

那么,有哪些技术接入 Internet 以及如何接入 Internet 呢? Internet 接入技术很多,除了传统的拨号接入外,目前正广泛使用的宽带接入充分显示了其不可比拟的优势和强劲的生命力。宽带是一个相对于窄带而言的电信术语,为动态指标,用于度量用户享用的业务带宽,目前国际上还没有统一的定义。一般而论,宽带是指用户接入传输速率为 2Mbit/s 及以上、可以提供 24 小时在线的网络基础设备和服务。

接入网负责将用户的局域网或计算机连接到骨干网。它是用户与 Internet 连接的最后一步,因此又称为"最后一公里"技术。

宽带接入技术主要包括以现有电话网铜线为基础的 xDSL 接入技术、以电缆电视为基础的混合光纤同轴(HFC)接入技术、光纤接入技术、以太网接入技术等多种有线接入技术以及无线接入技术。

6.2.1 接入网的概念和结构

接入网(access network,AN)也称为用户环路,是指交换局到用户终端之间的所有通信设备,主要用来完成用户接入核心网(骨干网)的任务。国际电联电信标准化部门(ITU-T)G.902标准中定义接入网由业务节点接口(service node interface,SNI)和用户-网络接口(user-network interface,UNI)之间一系列传送实体(诸如线路设备)构成,具有传输、复用、交叉连接等功能,可以被看作与业务和应用无关的传送网。它的范围和结构如图 6-8 所示。

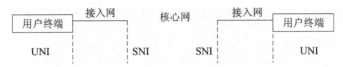

图 6-8 核心网与用户接入网示意图

Internet 接入网分为主干系统、配线系统和引入线三部分。其中,主干系统为传统电缆和光缆;配线系统也可能是电缆或光缆,长度一般为几百米;而引入线通常为几米到几十米,多采用铜线。其物理参考模型如图6-9所示。

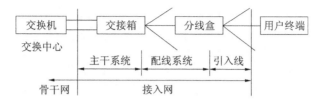

图6-9　接入网的物理参考模型

6.2.2　几种常见的接入技术

6.2.2.1　ADSL

ADSL(asymmetric digital subscriber line,非对称数字用户线路)是运行在原有普通电话线上的一种新的高速宽带技术,它利用现有的一对电话铜线为用户提供上、下行非对称的传输速率(带宽),如图6-10所示。因为上行(从用户到电信服务提供商方向,如上传动作)和下行(从电信服务提供商到用户的方向,如下载动作)带宽不对称(即上行和下行的速率不相同),所以称为非对称数字用户线路。它们在用户到电信服务提供商(电信局)之间的传输速率,上行一般在 $0.512\sim2$ Mbit/s,下行一般在 $1.5\sim50$ Mbit/s。

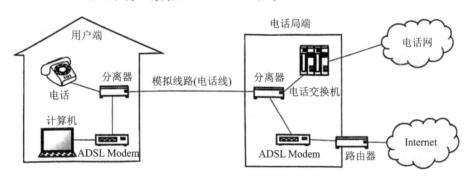

图6-10　ADSL连接

ADSL是一种异步传输模式(ATM)。在电信服务提供商端,需要将每条开通ADSL业务的电话线路连接在数字用户线路接入复用器(digital subscriber line access multiplexer, DSLAM)上。而在用户端,用户端需要使用一个ADSL Modem(与传统的调制解调器类似,也称为"猫")来连接电话线路。由于ADSL使用高频信号,所以在两端都还要使用ADSL信号分离器将ADSL数据信号和普通音频电话信号分离出来,避免打电话时出现噪声干扰。

ADSL技术的主要特点是可以充分利用现有的电话线网络,在线路两端加装ADSL设备即可为用户提供高宽带服务。ADSL的另外一个优点在于它可以与普通语音通信共存于一条电话线上,在一条普通电话线上接听、拨打电话的同时进行ADSL传输而又互不影响。总结起来,ADSL具有传输速度快(相比拨号和ISDN等方式)、语音与数据分离、独享带宽等优势。

类似这种类型的通信方式除了ADSL外,还有诸如VDSL、HDSL、SDSL等,它们统称为xDSL,其参数见表6-2。

表 6-2　常见 xDSL 技术参数

技术名称	描述	传输方式	上行速率	下行速率	最大传输距离
SDSL	单线对用户数字线路	对称	1.5～2.0Mbit/s	1.5～2.0Mbit/s	3km
HDSL	高速用户数字线路	对称	1.5～2.0Mbit/s	1.5～2.0Mbit/s	3～4km
ADSL	非对称数字用户线路	非对称	0.032～1.0Mbit/s	0.032～8Mbit/s	5.5km
VDSL	超高速用户数字线路	非对称	1.5～23Mbit/s	13～52Mbit/s	1.5km

6.2.2.2　HFC

我国有线电视网自 20 世纪 90 年代初发展至今,已覆盖了大部分的区域。随着计算机技术、通信技术、网络技术、有线电视技术及多媒体技术的飞速发展,尤其在 Internet 的推动下,用户对信息交换和网络传输都提出了新的要求,希望融合有线电视系统(CATV)网络、计算机网络和电信网为一体的呼声越来越高。利用 HFC 网络结构,建立一种经济实用的宽带综合信息服务网的方案也由此而生。

HFC(hybrid fiber-coaxial,混合光纤同轴电缆),是一种经济实用的综合数字服务宽带网接入技术,如图 6-11 所示。HFC 采用非对称的数据传输速率,上行为 10Mbit/s,下行为10～40Mbit/s,可以将一台主机或一个局域网接入 Internet。

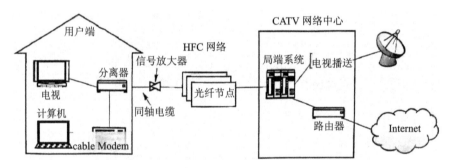

图 6-11　HFC 连接

HFC 通常由光纤干线、同轴电缆支线和用户配线网络三部分组成,从有线电视台出来的节目信号先转换成光信号在干线上传输;到用户区域后把光信号转换成电信号,经分配器分配后通过同轴电缆送到用户。它与早期 CATV 同轴电缆网络的不同之处主要在于,在干线上用光纤传输光信号,在前端需完成电—光转换,进入用户区后要完成光—电转换。

HFC 系统结构包括局端系统(CMTS)、用户终端系统(cable modem,CM)和 HFC 网络。

局端系统一般在有线电视的前端,或者在管理中心的机房,完成数据转换并与有线电视混合,送入 HFC 网络中。也可以作为业务接入设备,通过以太网口挂接本地服务器提供本地业务。用户终端系统是用户家中的终端设备,连接用户的计算机和 HFC 网络,提供用户接入。CM 属于用户端的调制解调器,相当于 ADSL 中的 ADSL Modem。

HFC 的主要特点:传输容量大,易实现双向传输。从理论上讲,一对光纤可同时传送 150 万路电话或 2000 套电视节目;频率特性好,在有线电视传输带宽内无须均衡;传输损耗小,可延长有线电视的传输距离,25km 内无须中继放大;光纤间不会有串音现象,不怕电磁干扰,能确保信号的传输质量。

6.2.2.3 FTTH

FTTH(fiber to the home),顾名思义就是光纤到户。光纤是这种接入方式的主要传输媒介。它通过光网络单元(ONU)将计算机与之连接,光网络单元主要负责光信号与电信号之间的转换。在局端(电信局端),通过OLT(光线路终端)接入Internet。光纤接入具有传输距离远、带宽高、抗干扰能力强等优点,是一种非常理想的宽带接入方式。随着科技的不断进步以及技术的不断完善,光纤到户已逐步应用。

根据光纤向用户延伸的距离,光纤接入网有多种应用形式,其中最主要的3种形式是光纤到大楼(fiber to the building,FTTB)、光纤到路边(fiber to the curb,FTTC)、光纤到户。FTTB是指高速光纤直接连接到某个大厦、公司等机构大楼,随后在整个大楼内部再通过布线实现连网。FTTC是指光纤接入某个家庭后,再通过布线实现周围几户家庭共同连网,如图6-12所示。

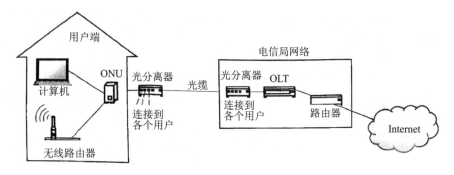

图 6-12 FTTC 接入

6.2.2.4 以太网接入与EPON

以太网是一种计算机局域网组网技术。以太网接入中最常用的技术是光纤以太网(高速以太网)接入技术,即FTTx+LAN接入。在光纤到大楼或小区后采用以太网接入是被广泛看好的宽带接入手段。通常采用在大楼内建立内部局域网,然后通过百兆或千兆的高速光纤接入电信宽带网。以太网因接入系统构造简易、扩展灵活且速度能不断提升,成为构建企业网络首选技术之一。

光纤以太网是采用单模光纤连接的高速网络,可以实现千兆到社区、百兆到楼宇、十兆到用户的网络连接。在局端到小区、大楼均采用单模光纤,末端通过五类线接到用户,用户只需要一块网卡便可方便地接入网络。在用户端需要安装一个光网络单元,将以太网的电信号和光信号相互转换。用户端的设备主要是交换机和路由器,如图6-13所示。

采用以太网作为企事业用户接入手段的另一个主要原因是,已有坚实的网络基础和长期的经验知识,目前所有流行的操作系统和应用等都与以太网兼容。目前全球企事业用户90%以上都采用以太网接入,其已成为企事业用户的主流接入方式。然而,受认证计费、服务质量、可管理性、信息安全、可靠性和实装率低等多种因素影响,以太网接入方式尚需进一步改进。

目前光纤接入中逐步实现了EPON(ethernet passive optical network,以太无源光网络)技术。EPON就是一种新兴的宽带接入技术,它通过一个单一的光纤接入系统,实现文字、语音及视频等的综合业务接入,并具有良好的经济性。业内人士普遍认为,FTTH是宽带接入

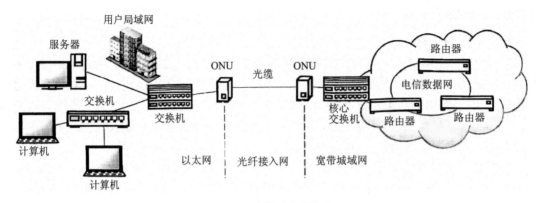

图 6-13　光纤以太网接入

的最终解决方式,而 EPON 也将成为一种主流宽带接入技术。EPON 网络结构的特点,宽带入户的特殊优越性,以及与计算机网络天然的有机结合,使得全世界的专家都一致认为,无源光网络是实现"三网合一"和解决信息高速公路"最后一公里"的最佳传输媒介。

6.2.2.5　无线接入

目前,主流应用的无线网络分为移动无线网络和无线局域网两种方式。GPRS 手机上网方式,是一种借助移动电话网络接入 Internet 的无线上网方式,因此只要用户所在城市开通了 GPRS 上网业务,用户在任何地方都可以通过移动电话来上网。在有线网络中,网络设备的安放位置受网络位置的限制,而无线局域网在无线信号覆盖区域内的任何一个位置都可以接入网络。无线局域网另一个优点在于其可移动性,连接到无线局域网的用户在移动时仍能与网络保持连接。

无线局域网(wireless LAN,WLAN)是不使用任何导线或传输电缆连接的局域网,其使用无线电波作为数据传送的媒介,传送距离一般只有几十米。无线局域网的主干网路通常使用有线电缆,无线局域网用户通过一个或多个无线接入点接入无线局域网。无线局域网目前已经广泛地应用在商务区、大学、机场及其他公共区域。

一般架设无线网络的基本配备就是无线网卡及一台 AP,如此便能以无线的模式,配合既有的有线架构来分享网络资源,架设费用和复杂程度远远低于传统的有线网络。AP 主要在媒体存取控制层 MAC 中扮演无线工作站及有线局域网络的桥梁。有了 AP,就像一般有线网络的 Hub 一样,无线工作站可以快速且容易地与网络相连。特别是对于宽带的使用,无线更显优势,有线宽带网络到户后,连接到一个 AP,然后在计算机中安装一块无线网卡即可。普通的家庭有一个 AP 已经足够,甚至用户的邻里得到授权后,无须增加端口也能以共享的方式上网,如图 6-14 所示。

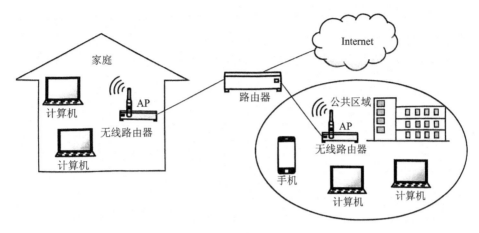

图 6-14　无线网络连接

项目实训　邮件收发与垃圾邮件处理

1.项目背景

某企业需要使用电子邮件进行信息传递,并且通过手机使用电子邮箱随时随地收发电子邮件。应该如何申请电子邮箱,并使用电子邮箱发送和接收电子邮件呢?

2.需求分析

只需要两台可以接入 Internet 的计算机,并分别有电子邮箱,就可以发送和接收邮件。

3.规划设计

两台连接网络的计算机,并且都安装了 Windows 10 自带的 Mail。

4.实施步骤

(1)申请免费的电子邮箱。

为了能够使用 Mail 收发邮件,必须先申请一个能够支持 Mail 的电子邮箱,如搜狐邮箱、新浪邮箱和 TOM 邮箱等,下面以 163 邮箱为例展开介绍。

①在 163 邮箱中开启 POP3/SMTP 服务。

进入 163 邮箱,选择"设置"→"POP3/SMTP/IMAP"命令,点击链接,如图 6-15 所示。

②在打开的页面显示当前账号的 IMAP/SMPT 服务、POP3/SMTP 服务的开启情况,默认是关闭状态,点击"开启",如图 6-16 所示。

③弹出"账号安全验证"对话框,提示需要使用与电子邮箱进行绑定的手机号码发送短信,用手机扫码并按提示发送短信,如图 6-17 所示。

④按照提示,使用所绑定的手机号码发送"配置邮件客户端"到 1069070069,发送成功后,单击右下角的"我已发送",弹出"开启 POP3/SMTP"对话框,并返回授权密码,如图 6-18 所示。

201

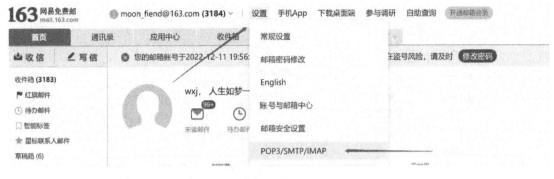

图 6-15　设置"POP3/SMTP/IMAP"

图 6-16　开启 IMAP/SMPT 服务、POP3/SMTP 服务

图 6-17　账号安全验证　　　　　　　　图 6-18　返回授权密码

　　⑤复制并保存此授权密码,单击"确定",完成设置,若显示如图 6-19 所示的页面,则表示已成功开启 POP3/SMTP 服务。

　　(2)在 Mail 上配置个人信息(这里的密码是授权密码)。

　　①单击 Mail 左边导航栏选择账户,右边菜单点击添加账户,如图 6-20 所示。

POP3/SMTP/IMAP

开启服务：　IMAP/SMTP服务　　　已开启 | 关闭

POP3/SMTP服务　　　已开启 | 关闭

POP3/SMTP/IMAP服务能让你在本地客户端上收发邮件，了解更多 >

温馨提示：在第三方登录网易邮箱，可能存在邮件泄露风险，甚至危害Apple或其他
平台账户安全

图 6-19　开启 POP3/SMTP 服务成功

②打开添加账户向导，选中"高级设置"，如图 6-21 所示，单击"下一步"。

图 6-20　添加账户　　　　　　　　　　　**图 6-21　高级设置**

③选中"Internet 电子邮件"，如图 6-22 所示。

图 6-22　选中"Internet 电子邮件"

④打开"Internet 电子邮件账户"界面,输入电子邮件地址、用户名、密码、账户名、传入电子邮件服务器、传出(SMTP)电子邮件服务器。其中,密码就是邮箱设置过程中生成的授权密码,账户类型选择 IMAP4,传出(SMTP)电子邮件服务器地址为 smtp. 163. com,传入电子邮件服务器地址为 imap. 163. com。后面的身份验证与 SSL 选项都勾选,确认信息后就可以点击"登录"。如图 6-23～图 6-25 所示。

图 6-23　设置 Internet 电子邮件(1)

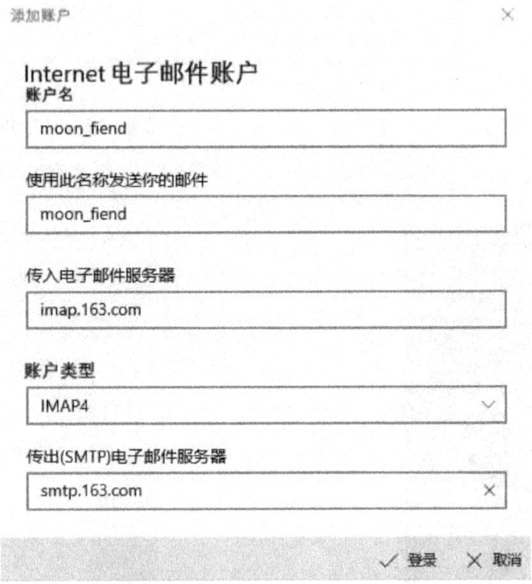

图 6-24　设置 Internet 电子邮件(2)

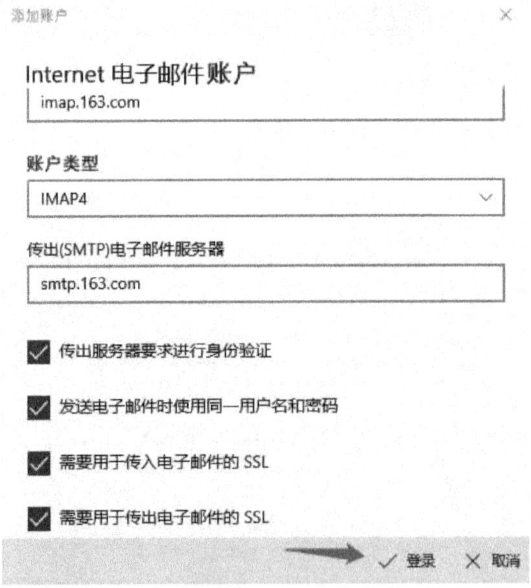

图 6-25　设置 Internet 电子邮件(3)

⑤测试配置是否正确,若正确,则显示图 6-26 所示的提示框。

图 6-26　配置完成

(3)电子邮件的收发。

①电子邮件的发送如图 6-27 所示,打开 Mail,单击"新邮件",输入收件人的 E-mail 地址,如果有多个收件人,那么 E-mail 地址之间也可以用分号隔开(必须用半角形式的分号)。邮件主题可以写,也可以不写,为了使收件人一目了然,建议写上邮件主题。如果要将计算机文件发送给对方,如照片、文档和软件等,也可以使用附件发送,单击"添加附件"链接,找到需要发送的文件即可。

需要说明的是,许多电子邮箱除了对电子邮箱的大小进行一定的限制外,还对附件文件的大小有一定的限制,若附件太大,则建议压缩后发送,如果还是太大,也可以用其他方法发送,如使用 QQ 发送;如果有网站,也可以挂在网站上供对方下载;或者干脆用一些软件将大文件分成"碎片",将"碎片"发送给收件人,收件人再用同样的软件将碎片"拼装"成一个文件。电子邮件写好之后,单击"发送"按钮即可,同时邮件服务器会自动接收邮件。

②接收电子邮件:单击"刷新"图标,就可以自动接收电子邮件。收到电子邮件后,打开电子邮件就可以看到其中的内容,也可以对附件文件执行打开、另存为等操作。如图 6-28 所示。

(4)垃圾邮件的处理。

由于现在垃圾邮件泛滥,用户不堪其扰,因此可以使用"反垃圾/黑白名单"拒收邮件,或者可以设置一定的规则进行垃圾邮件的过滤,如图 6-29~图 6-31 所示。

图 6-27　发送电子邮件

图 6-28　接收电子邮件

图 6-29　阻止发件人

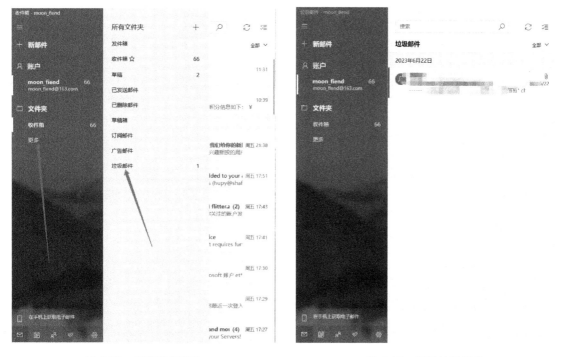

图 6-30　打开垃圾邮件　　　　　　图 6-31　查看垃圾邮件

任务工作单 6-1　邮件收发与垃圾邮件处理

1.任务目的

通过学习本任务,掌握 Mail 的工作环境的设置、垃圾邮件的拒收等,并且能够进行邮件的撰写,附件的上传,邮件的发送、接收、回复等相关操作

2.任务要求

(1)申请免费的电子邮箱。

(2)在 Mail 上配置个人信息。

(3)收、发电子邮件。

(4)处理垃圾邮件

3.讨论

Internet 服务包括什么?

4.网络拓扑和设备配置的截图

5.测试结果的截图

学习评价表 6-1 邮件收发与垃圾邮件处理

评价日期：   成绩：

考核项目	考核要求	评分标准	分值	自评(40%)	师评(60%)	总评得分
能力目标	(1)申请免费的电子邮箱。 (2)在 Mail 上配置个人信息。 (3)收发电子邮件。 (4)处理垃圾邮件	(1)成功申请免费的电子邮箱。(10分) (2)在 Mail 上完成个人信息配置。(20分) (3)能够正确收发电子邮件。(20分) (4)能够正确处理垃圾邮件(20分)	70分			
素质目标	纪律表现	无迟到、早退或中途无故离开实训室等现象；尊重老师，团结同学(5分)	30分			
	爱护设备、保护机房环境	安全、正确地操作设备；保持座位周围整洁，不乱扔垃圾；离开实训室时将设备、配件和桌椅放回原位，并摆放整齐(5分)				
	团队协作能力	与小组成员配合良好，服从老师和组长的安排，积极主动地完成任务(5分)				
	严谨认真、诚实守信、精益求精	在完成任务的过程中，严谨认真，诚实守信，不抄袭、不窃取他人成果；对任务精益求精，高质量地提交成果(10分)				
	总结与反思	思维活跃，积极互动，总结并反思问题与收获，正确评价(5分)				

项目 7　计算机网络维护

◆ **项目描述**

计算机网络维护是确保计算机网络正常运行和维持良好状态的过程。它涉及多个方面的内容，包括网络安全的保护、软件更新和升级、故障排除和问题解决等。通过定期的维护，可以提高网络的稳定性、可靠性和安全性，确保组织网络的正常运营。因此，网络维护在网络的运行过程中起到了非常重要的作用。

◆ **学习目标**

知识目标：

(1)理解常见的网络安全防御技术及其原理；

(2)熟悉网络安全防御技术的应用；

(3)掌握网络故障的检测方法。

技能目标：

具备使用网络安全防御技术进行安全防御的能力。

素养目标：

(1)培养团队协作精神；

(2)培养严谨的治学态度；

(3)树立网络安全法律意识。

任务 7.1　网络安全及管理

7.1.1　网络安全

随着网络技术的飞速发展，网络应用越来越广泛，已经融入政治、经济、军事和文化等各个领域，人们的工作、生活和学习越来越离不开网络。网络在给人们带来极大便利的同时，也让人们面临诸多来自网络的安全威胁和隐患。例如，个人隐私信息的泄露，被不法分子蓄意冒充身份骗取钱财，受到黑客攻击，以及系统被破坏或数据丢失等。网络的国际化互联还意味着网络攻击既可能来源于本地，也可能来自 Internet 的任何主机或终端，网络安全面临的是国际化的挑战。因此,网络安全是每个网民必须掌握的基础知识。

具体而言,网络安全是指网络系统的硬件、软件及其系统中的数据受到保护,不因偶然的或恶意的原因而遭到破坏、更改、泄露,系统连续、可靠、正常地运行,网络服务不中断。网络安全管理则是人们能够安全上网、绿色上网、健康上网的根本保证。

网络安全包括5个基本要素:保密性、完整性、可用性、可控性与不可抵赖性。

(1)保密性:指网络信息的内容不被未授权的第三方所知。

(2)完整性:指数据未经授权不能改变的特性,即信息在存储或传输过程中保持不被修改、不被破坏和丢失的特性。

(3)可用性:保证信息在需要时能为授权者所用,防止主观和客观因素造成的系统拒绝服务。

(4)可控性:人们对信息的传播路径、范围及其内容所具有的控制能力,即不允许不良内容通过公共网络进行传输,使信息在合法用户的有效掌控之中。

(5)不可抵赖性:即不可否认性。在信息交换过程中,确信参与方的真实同一性,即所有参与者都不能否认和抵赖曾经完成的操作与作出的承诺。

7.1.2　网络安全隐患

网络安全隐患是指计算机或其他通信设备利用网络进行交互时可能会受到的窃听、攻击或破坏。网络安全隐患范围比较广,如自然灾害、黑客行为、内部泄密、外部泄密、信息丢失、电子监听(信息流量分析、信息窃取等)和信息战等。网络安全隐患概括起来主要表现为网络系统的脆弱性、利用协议及系统漏洞的攻击行为和计算机病毒3个方面。

1)网络系统的脆弱性

计算机网络系统本身存在着一些固有的弱点,非授权的用户可以利用这些弱点对网络系统进行非法访问,这种非法访问会使系统内数据的完整性受到威胁,也可能使信息遭到破坏而不能使用,如操作系统的脆弱性、数据库系统的脆弱性、网络存储介质的脆弱性等。

2)利用协议及系统漏洞的攻击行为

由于网络本身存在脆弱性,因此总有某些人或某些组织想方设法利用网络协议及系统的漏洞对网络进行攻击以达到某种目的,如从事工业、商业或军事情报搜集工作的间谍,对相应领域的网络信息是最感兴趣的,他们对网络系统的安全构成了主要威胁。TCP/IP协议栈中绝大部分协议没有提供必要的安全机制,一些人就利用这些漏洞进行攻击。网络中针对TCP/IP协议栈各协议常见的攻击方式有如下几种。

(1)攻击数据链路层,包括MAC欺骗、MAC泛洪、ARP欺骗、STP重定向等方式。

(2)攻击网络层,包括IP欺骗、报文分片、ICMP攻击及路由攻击等方式。

(3)攻击传输层,包括SYN Flood攻击等方式。

(4)攻击应用层,包括缓冲区溢出、漏洞、病毒及木马等方式。

总体来讲,攻击主要分为被动攻击和主动攻击两种。

被动攻击是指攻击者只通过一些手段获取网络线路上的信息,而不干扰正常的网络数据传输,如通过窃听的方式截获某些数据,如图7-1所示。被动攻击往往是主动攻击的前奏。

主动攻击是指攻击者对传输中的信息或存储的信息进行各种非法处理,对正常用户造成一定影响的行为,如信息篡改、拒绝服务(通过攻击使某个设备或网络无法正常运作),如图7-2所示。

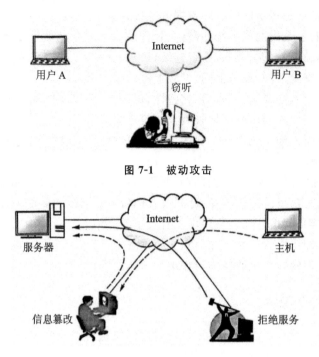

图 7-1　被动攻击

图 7-2　主动攻击

3）计算机病毒

计算机病毒是一种能破坏计算机系统资源的特殊计算机程序。它像生物病毒一样，可在系统中生存、繁殖和传播。计算机病毒具有隐蔽性、传播性、潜伏性、触发性和破坏性。它一旦发作，轻者会影响系统的工作效率，占用系统资源，重者会毁坏系统的重要信息，甚至使整个网络系统陷于瘫痪。

与病毒相类似的另一种形式为木马，是指能直接侵入用户的计算机并进行破坏的程序，它常被伪装成工具程序或游戏等，诱使用户打开带有特洛伊木马程序的邮件附件或从网上直接下载。一旦用户打开了这些邮件的附件或执行了这些程序，就会像古代希腊人在特洛伊城外留下藏满士兵的木马一样，在自己的计算机系统中留下一个能在 Windows 启动时悄悄执行的隐藏程序。当用户连接到 Internet 时，这个程序就会通知攻击者，报告用户的 IP 地址及预先设定的端口。攻击者在收到这些信息后，再利用这个潜伏在其中的程序任意地修改用户计算机的参数、复制文件、窥视整个硬盘中的内容等，从而达到控制用户计算机的目的。

7.1.3　常见的网络攻击手段及其防范方式

常见的网络攻击手段可以分为数据嗅探、非法使用、信息篡改、拒绝服务、BUG 和恶意代码等。

7.1.3.1　数据嗅探

攻击者并不直接入侵目标系统，而是通过窃听网络来获取重要数据或信息。数据嗅探是了解目标网络各种信息的首要技术，通过扫描数据报文、端口、服务、IP 地址等各种关键信息获得信息，并以此进行网络攻击。

嗅探技术是黑客和网络管理员最常用的技术，其主要方式见表 7-1。

表 7-1　嗅探技术的主要方式

嗅探方式	主要操作方式	常用软件
抓取报文(抓包)	通过网络监听非法获取用户信息,如明文传输的用户名、密码。抓包实际上是在以太网卡处于混杂状态下通过专门的软件实现对数据包的获取,通常需要与端口镜像、Hub、分光器、TAP(test access point,测试接入点)等紧密配合	WireShark、OmniPeek
扫描	通过发送报文探测网络中各种主机和服务的状态,准确了解网络中的系统漏洞。一般分为远程扫描和漏洞扫描	Nmap(远程扫描工具)、Nessus(漏洞扫描工具)
操作系统标识	通过 Banner Grabbing 获取操作系统的各种信息,根据这些系统对包的回应的差别,推断出操作系统的种类	Nmap
电磁捕捉	通过捕捉屏幕、网线发出的电磁波,还原数据信息,常用于攻击军事机构	—

数据嗅探的防范方式(图 7-3)主要有如下几种:

①验证。身份验证是安全的第一道防线,强认证避免了非法用户进入网络进行数据嗅探的行为。

②改变网络结构。由于网络嗅探需要几个必要条件,如在同一冲突域、网络流量重定向到某个区域,因此如果能够改变网络结构,如合理规划网络环境中数据流的方向和接口,那么就可以降低攻击者嗅探网络关键数据流的效率。

③反嗅探工具。通过部署一些软件,利用网卡的混杂方式阻止数据探测。

④加密。数据嗅探的风险在于探测的数据是有价值的,因此在无法杜绝嗅探攻击的情况下,最简单也是最有效的办法就是对数据进行加密。

图 7-3　数据嗅探防范方式

7.1.3.2　非法使用

非法使用是指资源被未经授权的用户(非法用户)或以未授权方式(非法权限)使用。无论有意还是无意避开系统访问控制机制,对网络设备及资源进行非正常使用或擅自扩大权限,越权访问信息,都属于非法使用。非法使用的典型方式有电子欺骗、权限提升、系统重启攻击。

电子欺骗是指攻击者假冒合法用户的身份访问资源。电子欺骗最容易造成的结果是非法用户进入网络系统进行违法操作、合法用户以未授权方式进行操作等,如图 7-4 所示。例如,DNS 欺骗就是入侵者取得 DNS 服务器的信任并改变 DNS 服务器的地址映射表。因此,客户发出一个查询请求后,他会得到假的 IP 地址,而这一地址会处于入侵者的完全控制之下。

权限提升是指获得 root/administrator 密码及权限进行非法的系统操作。常见的方式有猜 root 口令、利用缓冲区溢出、利用 NT 注册表、访问和利用高权限控制台、利用启动文件、利用系统或应用 BUG 等。

系统重启攻击是指如果攻击者能够接触设备或者操作系统,通过安装和执行程序来使验

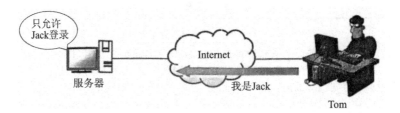

图 7-4　电子欺骗

证机制无效。攻击者可以重启系统,利用其他启动盘控制系统,如图 7-5 所示。由于一种文件系统可以被另一种所破坏,所以可以使用启动盘获得有价值的信息,如管理权限的账号。

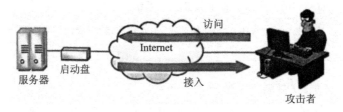

图 7-5　系统重启攻击

非法使用的防范方式如下:

①过滤。使用访问控制技术可以对非法 IP 进行严格的控制。

②验证。采用非 IP 地址的方式强验证是防止基于非 IP 欺骗的最有效的技术,结合应用权限控制,还可以为溯源提供依据。

③加密。对于针对密码的攻击方式,只要加密算法足够"强壮"同时采用强密码,任何攻击都是没有实效的。

④关闭服务和端口。服务和端口在为用户提供支持平台和接口时,也成为攻击者的目标,因此关闭不需要的服务和端口是非常有必要的。

7.1.3.3　信息篡改

信息篡改是指攻击者对系统数据或消息流进行有选择的修改、删除、延误、重排序及插入虚假消息等操作,破坏数据的完整性。信息篡改是以非法手段窃得对数据的使用权,删除、修改、插入或重发某些重要信息,其目的是取得有益于攻击者的响应。如报文重发(packet replay)、会话劫持(session hijacking)、篡改审计数据、主页篡改等。防范这类攻击的主要方式是数据加密。

报文重发:即捕捉到一个数据包后,向网络发回。通过所捕捉到的登录信息,更改内容后重新发回,以获得控制权。

会话劫持:攻击者劫持一个连接,让合法登录者误以为自己处于某处,骗取登录者泄露自己的登录信息。

篡改审计数据:数据删除、修改,权限改变,使审计的抗抵赖性失效。审计数据是监控和事后报告网络应用情况的重要数据,如果对审计信息进行篡改会造成责任难以追溯。

主页篡改:攻击者可以利用漏洞进入 Web 网站数据库或者在 HTML 页面植入恶意代码,导致主页被篡改,许多政府机构和企业都遭受过类似的攻击,如图 7-6 所示。

7.1.3.4　拒绝服务

拒绝服务(DoS)是网络上一种简单但十分有效的破坏性攻击手段。DoS 通过发送大量垃

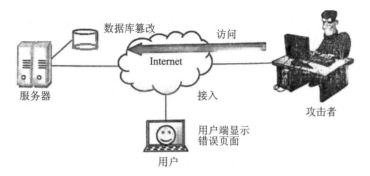

图 7-6　主页篡改

圾报文导致网络资源和带宽被消耗,从而达到阻止合法用户对资源进行访问的目的。分布式拒绝服务(distributed denial of service,DDoS)是 DoS 的升级版,采用的是多对一的攻击方式,攻击原理与 DoS 相同。

拒绝服务基本原理如下:

①攻击者向服务器发送众多的带有虚假地址的请求。

②服务器发送回复信息后等待回传信息,由于地址是伪造的,所以服务器一直等不到回传信息,分配给这次请求的资源就始终没有被释放。

③当服务器等待一定的时间后,连接会因超时而被切断。

④攻击者会再度传送新的一批请求,在这种反复发送虚假地址请求的情况下,服务器资源最终会被耗尽。

DoS 伴随着 Internet 公众服务的增加也不断演变出各种攻击手段,让服务提供者防不胜防。现在常见的 DoS 攻击有 SYN Flood、DNS Poison、Land、Ping of Death 等。这些攻击的共同点就是将攻击目标的资源耗尽,导致其无法提供正常的服务。

SYN Flood 是一种广为人知的 DoS 与 DDoS 的方式之一,是一种利用 TCP 的缺陷,发送大量伪造的 TCP 连接请求,从而使得被攻击方资源耗尽(CPU 满负荷或内存不足)的攻击方式。

TCP 建立连接需要经过三次握手。在 SYN Flood 攻击中,问题就出在 TCP 连接的三次握手中。假设一个用户向服务器发送了 SYN 报文后,服务器会给客户端一个响应,并等待用户的第 3 次握手确认。如果用户不确认,服务器会在一定时间内等待。如果有大量的这种连接,会消耗非常多的系统资源,造成服务器无法为其他用户正常提供服务,这就是 SYN Flood 攻击,如图 7-7 所示。

DoS 攻击的主要防范手段如下:

①屏蔽 IP。在服务器或路由器上用 ACL 屏蔽攻击者 IP 后就可以有效地防范 DoS 攻击。

②协议防范。根据 DoS 攻击对每个协议的弱点进行对应的修复。

③侦测。对 DoS 攻击的侦测和区分是处理 DoS 攻击的重要依据。当发现有特大型的 TCP 和 UDP 数据包通过或数据包内容可疑时都要注意。

7.1.3.5　BUG 和恶意代码

(1)BUG。BUG 是一个程序(代码)的漏洞,它会产生一个隐藏的通道。很多情况下,一个运行在服务器的操作系统或程序都会出现这些问题,攻击者经常研究并充分利用它们。以

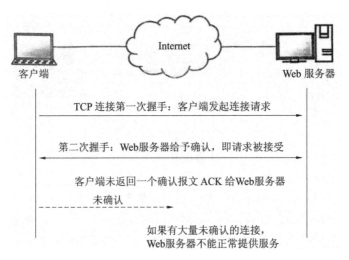

图 7-7　SYN Flood 攻击原理

下是两种常见的 BUG：

①后门(backdoor)。后门是一个在操作系统上或程序上未被记录的通道,它是程序设计人员为了便于快速进行产品支持有意在系统或程序中留下的入口。

②缓冲区溢出(buffer overflow)。缓冲区溢出是在程序重写内存块时出现的问题。当目标系统收到了超过它在某一时间所能接收的信息量时会发生缓冲区溢出,这些多余的数据会覆盖实际的程序数据,使得系统程序自发或远程被修改,经常进行这种修改的结果是在系统上产生了一个后门。这种攻击尽管对技术要求非常高,但是已经被写成软件程序,而使用这些软件是非常简单的,所以缓冲区溢出攻击已经非常普遍。

(2)恶意代码。恶意代码(malicious code)是攻击设备、用户、系统、网络的软件统称。常见恶意代码包括病毒、蠕虫、木马等。

7.1.4　网络安全防御技术

7.1.4.1　加密技术

一般情况下,访问网页、发送电子邮件、即时通信等 Internet 上传输的数据没有经过加密。但是对于一些特殊的数据,如电子商务、网银支付等数据需要有一定的安全保障,为了避免数据被截取或者泄露,需要对数据进行加密。加密技术的各层与 OSI 参考模型的各层相同,相互协同保证通信安全。

加密是指利用某个数值(密钥)对明文的数据通过一定的算法变换成加密(密文)的数据的过程。各层加密技术见表 7-2。相反,从密文转换为明文的方式称为解密,如图 7-8 所示。

表 7-2　各层加密技术

分层	加密技术
应用层	SSH、SSL-Telnet、PGP、S/MIME 等加密邮件
表示层、传输层	SSL/TLS、Socks v5 加密
网络层	IPsec
数据链路层	Ethernet、WAN 加密装置、PPTP(PPP)

图 7-8　加密与解密过程

明文(plaintext)：原始消息或数据，作为算法的输入。

加密算法(encryption algorithm)：对明文进行各种替换和转换。

密钥(secret key)：算法的输入。算法进行的具体替换和转换取决于这个密钥。

密文(ciphertext)：产生的已被打乱的消息输出，它取决于明文和密钥。对于一个给定的消息，两个不同的密钥会产生两个不同的密文。

解密算法(decryption algorithm)：本质上是加密算法的反向执行。它使用密文和同一密钥解密原始明文。

密钥分为私钥和公钥。顾名思义，私钥是私人保存的，需要保密；公钥是公开的，无须保密。根据密钥的使用方式，加密技术分为对称加密和非对称加密。

1)对称加密

发送方和接收方的加密和解密使用相同的密钥，叫作对称加密方式，如图 7-9 所示。对称加密是加密大量数据的一种行之有效的方法。在对称加密方式中，最大的挑战就是如何保证密钥的安全传输，即如何保证密钥从发送方传递给接收方的过程中的安全性。常见的对称加密算法有 DES、3DES、AES、RC4 等。

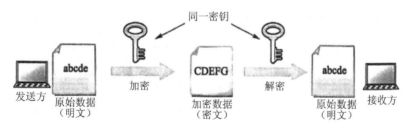

图 7-9　对称加密方式

2)非对称加密

在加密和解密的过程中分别使用不同的密钥，叫作非对称加密方式，也称公钥加密方式。其主要使用私钥和公钥两种密钥，一般情况下，发送方使用公钥进行加密，而接收方则使用私钥进行解密。在公钥的加密方式中，仅有一方的密钥是无法完成解密的。相比对称加密方式，非对称加密方式在加密和解密上需要花费的时间较长。非对称加密算法有 RSA 等。

如图 7-10 所示，非对称加密方式的基本步骤如下：

①每个用户都生成一对密钥。

②每个用户都把其中一个密钥放在一个公用的可访问的文件夹里或者通过 Web 公开发布，作为公钥，剩下一个自己保存为私钥。每个用户都保存着公钥。

③如果用户 A 要给用户 B 发送消息，则发送者在自己或者公共的公钥库里找出用户 B 的

公钥,用之将发送的消息转换为密文,然后将其发送给用户 B。

④用户 B 收到密文后,用自己的私钥将接收到的密文解密为明文消息。私钥只有用户 B 拥有,所以别人不能将密文解密。

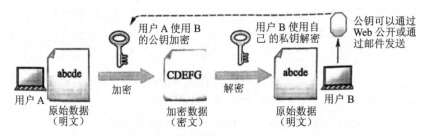

若使用私钥进行加密,则需要使用公钥解密

图 7-10　非对称加密方式

非对称加密方式的主要优势在于密钥能够公开,由于用作加密的密钥(也称公开密钥)不同于用作解密的密钥(也称私人密钥),所以解密密钥不能根据加密密钥推算出来,因而可以公开加密密钥。

对称和非对称加密通常结合使用,用于密钥加密和数字签名,既保证数据安全又能优化性能。

3)密钥交换技术(混合加密方式)

对称密钥算法非常适合快速并安全地加密数据,但缺点是发件人和收件人必须在交换数据之前先交换加密密钥。结合使用加密数据的对称加密方式与交换机密密钥的非对称加密方式可产生一种既高效又灵活的解决方案。

发送方和接收方使用对称加密方式,为保证密钥传输的安全性,对密钥使用非对称加密方式进行传输,如图 7-11 所示。

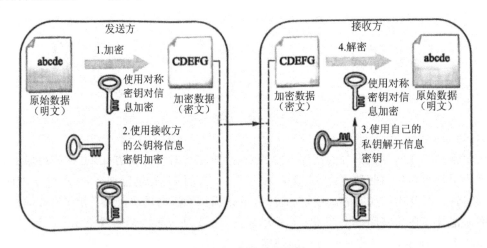

图 7-11　密钥交换技术

4）数字签名

数字签名的主要功能是保证信息传输的完整性,对发送者进行身份认证,防止交易中的抵赖发生。

数字签名技术是公钥密码体制的典型应用。数字签名的应用过程如下:发送方使用自己的私钥对数据校验或其他与数据内容有关的变量进行加密处理,完成对数据的合法"签名";数据接收方则利用对方的公钥来解读收到的"数字签名",并将解读结果用于对数据完整性的检验,以确认签名的合法性。

数字签名技术是在网络系统虚拟环境中确认身份的重要技术,完全可以代替现实场景中的"亲笔签字",在技术和法律上有保证。在数字签名应用中,发送者的公钥可以很方便地得到,但他的私钥则需要严格保密,如图7-12所示。

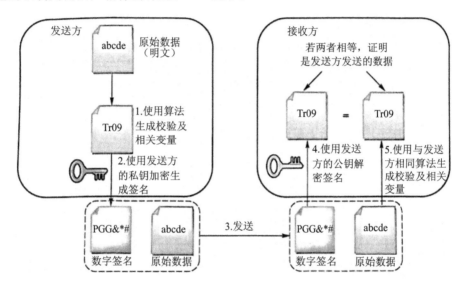

图 7-12　数字签名技术

5）数字证书

为了保证 Internet 上电子交易及支付的安全性、保密性等,防范交易及支付过程中的欺诈行为,必须在网上建立一种信任机制。这就要求参加电子商务的买方和卖方都必须拥有合法的身份,并且在网上能够被有效无误地进行验证,这就需要数字证书。

数字证书就是网络通信中标志通信各方身份信息的一串数字,提供了一种在网络上验证通信实体身份的方式,其作用类似于驾驶执照或居民身份证。它是由一个权威机构——CA(certificate authority,证书授权中心)发行的,人们可以在网上用它来识别对方的身份。数字证书是一个经证书授权中心数字签名的包含公开密钥拥有者信息以及公开密钥的文件。最简单的数字证书包含一个公开密钥、名称以及证书授权中心的数字签名,如图7-13所示。此外,数字证书只在特定的时间段内有效。

数字证书可用于发送安全电子邮件、访问安全站点、网上证券交易、网上招标采购、网上办公、网上保险、网上税务、网上签约、网上银行等安全电子事务处理和安全电子交易活动。

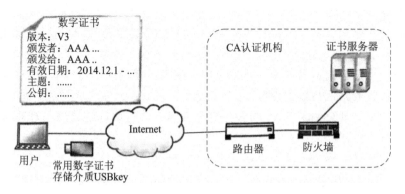

图 7-13　数字证书技术

7.1.4.2　防火墙技术

内部网络与 Internet 连接时，为了避免内部网络受到非法访问的威胁，通常会设置防火墙。防火墙，是指一种将内部网和外部网（如 Internet）分开的方法，它实际上是一种隔离技术。防火墙是在两个网络通信时执行的一种访问控制策略，它能允许"同意"的人和数据进入内部网络，将"不同意"的人和数据拒之门外，最大限度地阻止网络中的黑客访问内部网络。

1）防火墙的基本功能

（1）内部网络和外部网络之间的所有网络数据流都必须经过防火墙。这是防火墙所处网络的位置特性，同时也是一个前提。因为只有当防火墙是内部网络和外部网络之间通信的唯一通道，其才可以全面、有效地保护内部网络不受侵害，如图 7-14 所示。

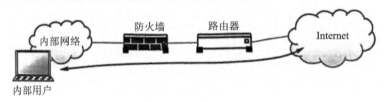

图 7-14　防火墙的位置

根据美国国家安全局制定的《信息保障技术框架》，防火墙适用于用户网络系统的边界，属于用户网络边界的安全保护设备。网络边界，是采用不同安全策略的两个网络连接处，如用户网络和 Internet 之间连接、用户网络和其他业务往来单位的网络连接，用户内部网络不同部门之间的连接等。防火墙的目的就是在网络连接之间建立一个安全控制点，通过允许、拒绝或重新定向经过防火墙的数据流，实现对进出内部网络的服务和访问的审计和控制。

（2）只有符合安全策略的数据流才能通过防火墙。防火墙最基本的功能是确保网络流量的合法性，并在此前提下将网络的流量快速地从一条链路转发到另外的链路上去。其实，防火墙的主要功能就是访问控制，即数据包过滤。通过设置一些规则，对数据包进行控制。网络上的数据都是以包为单位进行传输的，每一个数据包中都会包含一些特定的信息，如数据的源地址、目标地址、源端口号和目标端口号等。防火墙通过读取数据包中的地址信息来判断这些包是否来自可信任的网络，并与预先设定的访问控制规则进行比较，进而确定是否需对数据包进行处理，如图 7-15 所示。数据包过滤可以防止外部不合法用户对内部网络的访问，但由于不能检测数据包的具体内容，所以不能识别具有非法内容的数据包，无法实施对应用层协议的安全处理。

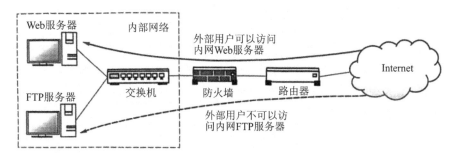

图7-15　防火墙安全策略

（3）防止内部信息的外泄。利用防火墙对内部网络进行划分,可实现内部网重点网段的隔离,从而限制局部网络安全问题对全局网络造成的影响。再者,隐私是内部网络非常关心的问题,一个内部网络中不引人注意的细节可能包含了有关安全的线索而引起外部攻击者的兴趣,甚至因此而暴露了内部网络的某些安全漏洞。使用防火墙就可以隐蔽那些可能暴露的内部细节。

2）防火墙的分类

防火墙发展至今已历经了三代,分类方法也各式各样。例如,按照形态划分可以分为硬件防火墙及软件防火墙;按照保护对象划分可以分为单机防火墙及网络防火墙等。但总的来说,最主流的划分方法是按照处理方式进行分类。

（1）包过滤防火墙。包过滤是指在网络层对每一个数据包进行检查,根据配置的安全策略转发或丢弃数据包。包过滤防火墙的基本原理是通过配置访问控制列表（access control list,ACL）实施数据包的过滤。主要基于数据包中的源/目的IP地址、源/目的端口号、IP标识和报文传递的方向等信息,如图7-16所示。

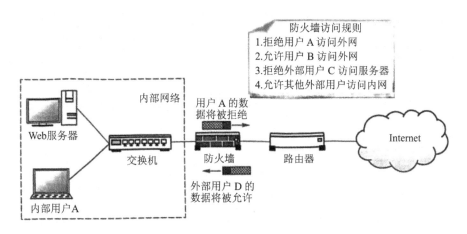

图7-16　包过滤防火墙

包过滤防火墙的优点:设计简单,易于实现,价格便宜。

包过滤防火墙的缺点主要表现在以下几点:

①随着ACL复杂度和长度的增加,其过滤性能呈指数下降趋势。

②手动配置的访问规则难以适应动态的安全要求。

③包过滤不检查会话状态,也不分析数据,容易让黑客蒙混过关。例如,攻击者可以使用

假冒地址进行欺骗,通过把自己主机的 IP 地址设置成一个合法主机的 IP 地址,就能很轻易地通过报文过滤器。

(2)代理防火墙。代理防火墙作用于应用层,其实质是把内部网络和外部网络用户之间直接进行的业务(访问)由代理接管。代理检查来自用户的请求,用户通过安全策略检查后,该防火墙将代表外部用户与真正的服务器建立连接,转发外部用户请求,并将真正服务器返回的响应回送给外部用户,如图 7-17 所示。

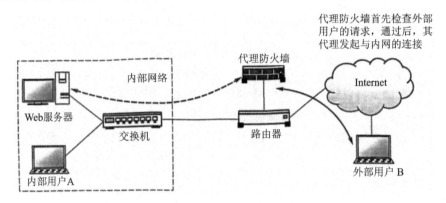

图 7-17　代理防火墙

代理防火墙的优点:能够完全控制网络信息的交换,控制会话过程,具有较高的安全性。其缺点主要表现如下:

①通常利用软件实现,限制了处理速度,易遭受拒绝服务攻击。

②需要针对每一种协议开发应用层代理,开发周期长,而且升级很困难。

(3)状态检测防火墙。状态检测是包过滤技术的扩展。基于连接状态的包过滤在进行数据包的检查时,将每个数据包看成独立单元,并且还要考虑前后报文的关联性。所有基于可靠连接的数据流(即基于 TCP 的数据流)的建立都需要经过"客户端同步请求""服务器应答"以及"客户端再应答"三个过程(即"三次握手"过程),这说明每个数据包都不是独立存在的,而是前后有着密切联系的。基于这种状态联系,发展出状态检测技术。这种方式只检查前面的数据包,检查的同时会记录通信的相关信息,对于后续的数据包将不会再做检查。这种方式大大提高了数据传输速率。

任务 7.2　网络故障检测

7.2.1　网络故障检测命令

Windows 操作系统自带检测网络故障的命令,如 ping、ipconfig、netstat 和 tracert 等。

7.2.1.1　ping 命令

ping(packet internet groper)命令用于测试网络连接。ping 是工作在 TCP/IP 网络体系结构中应用层的命令,主要向特定的目的主机发送 ICMP 的 Echo 请求报文,测试目的地是否可达,了解通信过程中其他相关状态的信息。

在正常情况下,当使用 ping 命令查找问题或检验网络运行情况时,需要使用许多 ping 命令,如果都运行正确,就可以相信基本的连通性和配置参数没有问题;如果某些 ping 命令出现运行故障,那么它也可以指明到何处查找问题。使用 ping 命令的格式如下:

ping[-t] [-a] [-n count] [-1 size] [-f] [-i TTL] [-v TOS][-r count] [-s count] [[- j host-list] |[-k host-list]] [-w timeout]<目标地址(IP 或主机名)>

-t:不间断地 ping 指定的计算机,直到管理员中断。

-a:将地址解析为计算机名。

-n count:ping count 次。

-1 size:指定发送到目标主机的数据包的大小。

-f:在数据包中发送"不要分段"标志。

-i TTL:指定 TTL 值在对方的系统中停留的时间。

-v TOS:将"服务类型"字段设置为 TOS 指定值。

-r count:在"记录路由"字段中记录传出和返回数据包的路由器;count 最小为 1,最大为 9。

-s count:表示计数跃点的时间戳,最小为 1,最大为 4。

-j host-list:与主机列表一起使用的松散源路由(仅适用于 IPv4)。

-k host-list:与主机列表一起使用的严格源路由(仅适用于 IPv4)。

-w timeout:指定等待回响应答消息响应的时间(以毫秒计),该回响应答消息响应接收的指定回响请求消息。如果在超时时间内未接收到回响应答消息,那么显示"请求超时"的错误消息,默认的超时时间为 4000ms(4s)。

下面介绍常用的网络故障检测过程,以及故障定位方法。

①ping 127.0.0.1。这条 ping 命令被发送到本地计算机的 IP 软件中,该命令永不退出该计算机。如果没有做到这一点,就表示主机 TCP/IP 协议的安装或运行存在某些最基本的问题。

②ping localhost。localhost 是操作系统的网络保留名,是 127.0.0.1 的别名,每台计算机都应该能够将该名称转换为 127.0.0.1。如果没有做到这一条,那么表示主机文件(/Windows/host)中存在问题。

③ping 本机 IP 地址。这条命令被送到本地计算机所配置的 IP 地址,本地计算机始终都应该对 ping 命令做出应答;若没有,则表示本地配置或安装存在问题。当出现此问题时,局域网用户先断开网络电缆,再重新发送该命令。若网线断开后,本命令正确,则表示另一台计算机可能配置了相同的 IP 地址。

④ping 局域网内其他主机 IP 地址。这条命令应该离开本地计算机,经过本机网卡及网络电缆到达其他计算机,再返回。若收到回送应答,则表明本地网络中的网卡和载体运行正确。若没有收到回送应答,则表示子网掩码(进行子网分割时,将 IP 地址的网络部分与主机部分分开的代码)不正确或网卡配置错误或电缆系统有问题。

⑤ping 网关 IP 地址。这条命令若应答正确,则表示局域网中的网关路由器正在运行,并且能够做出应答;否则,需要检查本地主机的网关地址与网关路由器上对应接口的 IP 地址配置是否一致。

⑥ping 远程 IP 地址。若收到 4 个应答,则表示成功通过默认网关连接到远程主机。对于

拨号上网用户,则表示能够成功访问 Internet(但不排除 Internet 服务提供商的 DNS 会有问题)。

⑦ping www.baidu.com。对这个域名执行 ping 命令,使用该命令的计算机必须先将域名转换为 IP 地址,通常通过 DNS 服务器解析得到。若 DNS 解析出现故障,则表示 DNS 服务器的 IP 地址配置不正确或 DNS 服务器有故障。

如果上面列举的 ping 命令都能正常运行,那么计算机可以进行本地和远程通信。但是,这些命令能够成功运行并不表示所有的网络配置都没有问题,因为某些子网掩码错误可能无法用上述方法检测到。

7.2.1.2　ipconfig 命令

ipconfig 命令用于查看主机中 TCP/IP 参数的配置,即显示当前主机中所有网络适配器的配置信息,包括 IP 地址、MAC 地址和 DNS 服务器地址等,如果使用 DHCP,那么显示自动分配到的租用 IP 地址,以及 DHCP 服务器地址和租用期限等相关信息。使用 ipconfig 命令的格式如下:

ipconfig [/? | /all | /renew [adapter] | /release [adapter]| /flushdns | /displaydns | /registerdns | /showclassid [adapter] | /setclassid [adapter]]

/?:显示 ipconfig 命令的格式和参数的英文说明。

/all:显示所有的 IP 地址的配置信息。

/renew:刷新指定网络适配器的 IP 地址。

/release:释放指定网络适配器的 IP 地址。

/flushdns:刷新客户机解析程序缓存。

/displaydns:显示和查看客户机解析程序缓存。

/registerdns:刷新 DHCP 租用并重新注册 DNS 名称。

/showclassid:在客户机上显示 DHCP 类别的 ID 信息。

/setclassid:在客户机上设置 DHCP 类别的 ID 信息。

下面列举 ipconfig 命令的常见用法。

①ipconfig/all。显示所有网络适配器(网卡、拨号连接等)的完整的 TCP/IP 配置信息。与不带参数的用法相比,它的信息更全、更多,如 IP 地址是否动态分配、显示网卡的物理地址等。

②ipconfig/release all。释放全部适配器的由 DHCP 分配的动态 IP 地址。

③ipconfig /release [adapter]。释放指定适配器的由 DHCP 分配的动态 IP 地址,此参数适用于 IP 地址非静态分配的网卡,通常和 renew 参数结合使用。

④ipconfig/renew all 或 ipconfig/renew [adapter]。为全部(或指定)适配器重新分配 IP 地址,此参数同样仅适用 IP 地址非静态分配的网卡,通常和 release 参数结合使用。

⑤ipconfig/flushdns。刷新并重设 DNS 客户解析缓存的内容,在 DNS 故障排除期间,可以使用本命令从缓存中丢弃否定缓存项和任何其他动态添加项。

⑥ipconfig/displaydns。显示 DNS 客户解析缓存的内容,包括从 localHosts 文件预装载的记录,以及最近获得的由计算机解析的名称查询的资源记录。DNS 客户服务在查询配置的 DNS 服务器之前使用这些信息快速解析被频繁查询的名称。

⑦ipconfig/registerdns。初始化计算机上配置的 DNS 名称和 IP 地址的手动动态注册,

使用该参数对失败的 DNS 名称注册进行故障排除或解决客户和 DNS 服务器之间的动态更新问题,不必重新启动客户端计算机。TCP/IP 协议高级属性中的 DNS 设置可以确定 DNS 中注册了哪些名称。

7.2.1.3　netstat 命令

netstat 是显示活动的 TCP 连接、计算机监听的端口、以太网统计信息、IP 路由表、IPv4 或 IPv6 统计信息的命令程序。它是监控网络非常有用的工具,一般用于检验本地主机各端口的网络连接情况。使用 netstat 命令的格式如下:

netstat [-a][-b][-e][-f][-n][-o][-p proto][-r][-s][-x][-t][-q][-y][interval]

-a:显示所有的 socket,包括正在监听的。

-b:显示在创建每个连接或监听端口时涉及的可执行程序。

-e:显示以太网统计信息。此选项可以与-s 选项结合使用。

-f:显示外部地址的完全限定域名(FQDN)。

-n:以数字形式显示地址和端口号。

-o:显示拥有的与每个连接关联的进程 PID。

-p proto:显示 proto 指定的协议的连接。

-r:显示核心路由表,格式与"route-e"相同。

-s:显示每个协议的统计信息。

-x:显示 NetworkDirect 连接、监听器和共享端点。

-t:显示当前连接的卸载状态。

-q:显示所有连接、监听端口和绑定的非监听 TCP 端口。

-y:显示所有连接的 TCP 连接模板。此选项无法与其他选项结合使用。

interval:重新显示选定的统计信息,各个显示之间暂停的间隔秒数。按 Ctrl＋C 快捷键停止重新显示统计信息。如果省略,那么打印当前的配置信息一次。

下面列举 netstat 命令的常见用法。

①netstat -p TCP。显示本地主机所有活动 TCP 端口的输出信息,在输出屏幕上,左边带端口号的 IP 地址代表一个活动链接的本地地址,右边带端口号的 IP 地址代表每个活动链接的外部地址。

②netstat-fn。记录每个活动链接的外部地址及活动端口。在本地计算机上,打开浏览器并链接外部站点,如 http://www.baidu.com。当 Web 页面正在浏览器中下载时,切换到命令提示符窗口,具体如下:

netstat - fn -p TCP:显示计算机上当前所有 TCP 活动链接,以及 IP 地址、端口等信息。

7.2.1.4　tracert 命令

tracert 是路由跟踪实用程序,用于确定 IP 数据包访问目标所采取的路径。它使用 IPP 报文的生存时间(TTL)字段和 ICMP 错误消息来确定从一台主机到网络中其他主机的路由。使用 tracert 命令的格式如下:

tracert [-d][-h maximum_hops][-j host-list][-w timeout][-R][-S srcaddr] [-4] [-6] target_name

-d:指定不将地址解析为主机名。

-h maximum_hops：指定搜索目标的最大跃点数。

-j host-list：与主机列表一起的松散源路由（仅适用于 IPv4），指定沿 host-list 的稀疏源路由列表序进行转发。host-list 是以空格隔开的多台路由器的 IP 地址，最多 9 台。

-w timeout：等待每个回复的超时时间（以 ms 为单位）。

-R：跟踪往返行程路径（仅适用于 IPv6）。

-S srcaddr：要使用的源地址（仅适用于 IPv6）。

-4：强制使用 IPv4。

-6：强制使用 IPv6。

target_name：目标计算机的名称。

下面列举 tracert 命令的常见用法。

①tracert 192.168.1.1。表示检测跟踪到 192.168.1.1 的路由。

②tracert www.cap.edu.cn。表示检测跟踪到网址 www.cap.edu.cn 经过几个跃点。

③tracert-h 6 www.cap.edu.cn。表示检测跟踪到网址 www.cap.edu.cn 的最大跳数为 6 跳，这里的"6"表示跟踪路由器跳转 6 次。

④tracert-w 10 www.cap.edu.cn。"-w"表示 tracert 为每次回复所指定的毫秒数，此处设为 10ms。当网络很慢或者很卡时，需要检测是哪台设备的反应速度比较慢，这样就可以在这里设置标准值，示例直接显示回复 10ms 以内的设备，超过 10ms 的设备不显示，就是不显示反应速度比较慢的设置，-w 后面的数值可以根据情况设置。

7.2.2 常见的网络故障

7.2.2.1 局域网内不能相互 ping 通

1）故障原因

在局域网内，不能 ping 通的原因很多，主要可以从以下几个方面来进行排查：

①对方计算机禁止 ping 操作。

②物理连接有问题。

③网络协议设置有问题。

2）解决方法

①如果计算机禁止了 ICMP（Internet 控制协议）或者安装了防火墙软件，ping 操作会超时。建议首先禁用对方计算机的网络防火墙，然后使用 ping 命令进行测试。

②计算机之间在物理上不可互访，可能是网卡没有安装好、网络设备有故障、网线有问题。在这种情况下使用 ping 命令时会提示超时。尝试 ping 局域网中的其他计算机，查看与其他计算机是否能够正常通信，以确定故障是发生在本地计算机还是发生在远程计算机。

③查看本地计算机和远程计算机的网络参数信息，尤其是比较两台计算机的网络地址是否一致，如果不一致，则无法直接访问，需要修改 IP 地址和子网掩码信息。另外，如果局域网内设置 VLAN，处于不同 VLAN 的计算机也无法直接 ping 通。

7.2.2.2 用户接入网络时常掉线

1）故障原因

局域网采用路由器、交换机进行连接，不能正常连接网络，经排查后，发现各项网络参数设置均正确,判断网络设备是导致故障的原因。

2)解决方法

①ADSL Modem故障。经常掉线的原因可能是并发访问量太大导致ADSL Modem超负荷运转。建议停止用户使用迅雷下载等容易产生较大数据流量的操作。另外,也要检查网络中所有计算机是否有中毒现象(如蠕虫病毒、ARP病毒),这类病毒也极有可能使网络访问的速度变得极慢,建议重新启动ADSL Modem以排除故障。

②交换机故障。如果计算机与交换机某接口连接的时间超过10s仍无响应,那么就已经超过了交换机端口的正常反应时间。这时如果采用重启交换机的方法能解决这种端口无响应问题,就说明是交换机端口临时出现了无响应的问题。不过如果该问题经常出现且限定在特定的端口,说明这个端口可能已经损坏或存在跳线问题,建议更换至闲置端口或更换跳线、更换交换机。

③路由器故障。路由器故障常见的有物理故障和设置故障,建议按照以下步骤排查:重新启动路由器观察故障是否已被解决;检查计算机与路由器的连接是否采用直通线,虽然路由器支持智能翻转功能,但是使用不规范的跳线往往会导致一些问题的发生;更改为使用代理服务器方式上网。

7.2.2.3　上网误点页面,导致浏览器反应缓慢

1)故障原因

互联网的特殊环境,使未做安全防范的计算机上网比较容易受到浏览器插件型的流氓软件的侵袭。

2)解决方法

①提高浏览器的安全等级,禁用ActiveX脚本,将不安全的网址加入受限站点。

②选择优秀的杀毒软件,扫描、查杀病毒,定期备份重要的数据。

③上网使用浏览器时,注意启用安全防护软件的病毒、木马监控功能。

④关闭网络中可能产生安全隐患的服务,对连网计算机做好安全设置。

⑤增强网络安全意识,不轻易接收不明邮件、软件,主动采取安全防范措施。

7.2.2.4　无线网络无法连接或无线网络速度减慢

1)故障原因

无线连接出现问题,或者是无线接入点出现了故障。

2)解决方法

如果无线网络无法连接,可以先ping一下无线接入点的IP地址。如果无法ping到无线接入点,则证明无线接入点本身工作异常。此时可以将其重新启动,等待大约5min后再通过有线方式将无线接入点和无线客户端连接,使用ping命令来查看是否能连通。如果两种方式ping无线接入点都没有反应,则证明无线接入点已经损坏或者配置有误。这个时候可以将可能已损坏了的无线接入点通过一根正常的网线连接到一个正常运行的网络中,检查它的网络参数配置。如果无线接入点依然无法工作,则表示无线接入点已经损坏,应立即更换新的无线接入点。

如果无线网络反应迟缓,则应查看实际接入无线访问点AP的客户端数量。通常一台AP的最佳接入用户数在30左右,虽然理论上可以支持70多个客户,但是随着接入无线客户端数

量的增加,网络的传输速度会快速降低。为了达到满意的传输性能,根据网络的实际需要,建议额外增加一台或多台 AP,并将它们连接在一起。

7.2.2.5 计算机"网上邻居"中找不到其他连网计算机

1)故障原因

"网上邻居"是按工作组显示计算机的。如果计算机没有设置工作组名称,打开"网上邻居"时就可能看不到其他计算机。

2)解决方法

单击"开始",选择"设置"→"控制面板"菜单命令,再双击"网络"图标,然后再单击"标识"选项卡。将局域网中所有计算机"工作组"中的名称设置一致,然后单击"确定"重启计算机。此外,如果"网上邻居"中未出现"整个网络"图标,可能是在 Windows 中没有安装必要的网络组件。与网络上的其他计算机连接,"网络连接"必须安装以下组件:Microsoft 网络客户端、至少一种网络协议(如 IPX/SPX、TCP/IP)。可打开"网络连接属性"对话框,检查"配置"上的项目列表,确保已安装了必需的网络组件。如有缺失,可重新安装缺少的组件。

项目实训 使用 Windows 内置命令检测网络

1.项目背景

某网络管理员在日常工作中,需要检查本地主机或服务器的 TCP/IP 协议、网卡的安装是否正确,检测本地网卡是否正常工作,查看本地主机的网络配置情况,释放动态 IP 地址、重新申请动态分配的 IP 地址,查看本地主机以往的 DNS 客户解析历史,以及测试到远程主机的网络通信速率及丢包率。

2.需求分析及解决方案

通过对项目背景中网络管理员的日常工作进行分析,可提出以下解决方案:

(1)使用 ping 127.0.0.1 命令测试本地主机 TCP/IP 协议的安装是否正确。

(2)使用 ipconfig/all 命令查看本地主机网络的配置。

(3)使用 ping 本地主机 IP 地址命令测试本地网卡是否正常工作。

(4)使用 ping 命令测试到 www.baidu.com 网站的网络通信速率及丢包率。

(5)释放当前主机动态获取的 IP 地址。

(6)为本地主机重新申请动态分配的 IP 地址。

(7)查看本地主机 DNS 客户解析缓存。

3.实施步骤

(1)使用 ping 127.0.0.1 命令测试本地主机 TCP/IP 协议的安装是否正确。返回测试数据包,表示本地主机 TCP/IP 协议的安装正确,如图 7-18 所示。

(2)使用 ipconfig/all 命令查看本地主机的网络配置,显示本地主机无线网卡动态获取的 IPv4 地址为 192.168.0.15,子网掩码为 255.255.255.0,如图 7-19 所示。

(3)ping 本地主机的 IP 地址测试本地主机的网卡是否正常工作。测试结果显示本地主机的网卡正常工作,如图 7-20 所示。

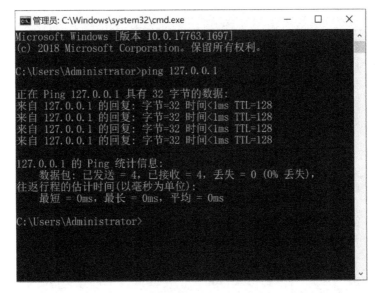

图 7-18　本地回环测试

图 7-19　查看本地主机的网络配置

图 7-20　测试本地主机的网卡

（4）使用 ping 命令测试到 www.baidu.com 网站的网络通信速率及丢包率，使用参数-n 20 表示给 www.baidu.com 服务器发送 20 个测试数据的包，对方接收到 20 个包，丢失 0 个包，最短传输时间为 11ms，最长传输时间为 333ms，平均时间为 36ms，如图 7-21 所示。

```
C:\Users\Administrator>ping -n 20 www.baidu.com

正在 Ping www.a.shifen.com [180.101.50.188] 具有 32 字节的数据:
来自 180.101.50.188 的回复: 字节=32 时间=333ms TTL=51
来自 180.101.50.188 的回复: 字节=32 时间=18ms TTL=51
来自 180.101.50.188 的回复: 字节=32 时间=15ms TTL=51
来自 180.101.50.188 的回复: 字节=32 时间=11ms TTL=51
来自 180.101.50.188 的回复: 字节=32 时间=12ms TTL=51
来自 180.101.50.188 的回复: 字节=32 时间=12ms TTL=51
来自 180.101.50.188 的回复: 字节=32 时间=14ms TTL=51
来自 180.101.50.188 的回复: 字节=32 时间=12ms TTL=51
来自 180.101.50.188 的回复: 字节=32 时间=15ms TTL=51
来自 180.101.50.188 的回复: 字节=32 时间=11ms TTL=51
来自 180.101.50.188 的回复: 字节=32 时间=11ms TTL=51
来自 180.101.50.188 的回复: 字节=32 时间=11ms TTL=51
来自 180.101.50.188 的回复: 字节=32 时间=13ms TTL=51
来自 180.101.50.188 的回复: 字节=32 时间=15ms TTL=51
来自 180.101.50.188 的回复: 字节=32 时间=28ms TTL=51
来自 180.101.50.188 的回复: 字节=32 时间=16ms TTL=51
来自 180.101.50.188 的回复: 字节=32 时间=45ms TTL=51
来自 180.101.50.188 的回复: 字节=32 时间=56ms TTL=51
来自 180.101.50.188 的回复: 字节=32 时间=75ms TTL=51

180.101.50.188 的 Ping 统计信息:
    数据包: 已发送 = 20, 已接收 = 20, 丢失 = 0 (0% 丢失),
往返行程的估计时间(以毫秒为单位):
    最短 = 11ms, 最长 = 333ms, 平均 = 36ms
```

图 7-21　测试网络通信速率及丢包率

(5)释放当前主机动态获取的 IP 地址,如图 7-22 所示。

```
C:\Users\Administrator>ipconfig/release

Windows IP 配置

不能在 本地连接* 22 上执行任何操作,它已断开媒体连接。
不能在 本地连接* 23 上执行任何操作,它已断开媒体连接。
不能在 蓝牙网络连接 5 上执行任何操作,它已断开媒体连接。

以太网适配器 VirtualBox Host-Only Network:

   连接特定的 DNS 后缀 . . . . . . . . :
   本地链接 IPv6 地址. . . . . . . . . : fe80::bc18:305d:260e:6894%5
   IPv4 地址 . . . . . . . . . . . . : 192.168.56.1
   子网掩码 . . . . . . . . . . . . : 255.255.255.0
   默认网关. . . . . . . . . . . . . :

无线局域网适配器 本地连接* 22:

   媒体状态 . . . . . . . . . . . . : 媒体已断开连接
   连接特定的 DNS 后缀 . . . . . . . :

无线局域网适配器 本地连接* 23:

   媒体状态 . . . . . . . . . . . . : 媒体已断开连接
   连接特定的 DNS 后缀 . . . . . . . :

无线局域网适配器 WLAN 8:

   连接特定的 DNS 后缀 . . . . . . . :
   本地链接 IPv6 地址. . . . . . . . . : fe80::5ced:dfb8:d64:1308%28
   默认网关. . . . . . . . . . . . . :
```

图 7-22　释放 IP 地址

(6)为本地主机重新申请动态 IP 地址。使用命令 ipconfig/renew 使无线网卡重新申请动态 IP 地址,如图 7-23 所示。

(7)查看本地主机的 DNS 客户解析缓存。使用 ipconfig/displaydns 命令查看本地主机的 DNS 客户解析缓存,缓存显示解析 www.baidu.com 的 IP 地址为 180.101.50.188,如图 7-24 所示。

```
C:\Users\Administrator>ipconfig/renew

Windows IP 配置

不能在 本地连接* 22 上执行任何操作, 它已断开媒体连接。
不能在 本地连接* 23 上执行任何操作, 它已断开媒体连接。
不能在 以太网 2 上执行任何操作, 它已断开媒体连接。
不能在 蓝牙网络连接 5 上执行任何操作, 它已断开媒体连接。

以太网适配器 VirtualBox Host-Only Network:

   连接特定的 DNS 后缀 . . . . . . . :
   本地链接 IPv6 地址. . . . . . . . : fe80::bc18:305d:260e:6894%5
   IPv4 地址 . . . . . . . . . . . . : 192.168.56.1
   子网掩码  . . . . . . . . . . . . : 255.255.255.0
   默认网关. . . . . . . . . . . . . :

无线局域网适配器 本地连接* 22:

   媒体状态  . . . . . . . . . . . . : 媒体已断开连接
   连接特定的 DNS 后缀 . . . . . . . :

无线局域网适配器 本地连接* 23:

   媒体状态  . . . . . . . . . . . . : 媒体已断开连接
   连接特定的 DNS 后缀 . . . . . . . :

无线局域网适配器 WLAN 8:

   连接特定的 DNS 后缀 . . . . . . . :
   本地链接 IPv6 地址. . . . . . . . : fe80::5ced:dfb8:d64:1308%28
   IPv4 地址 . . . . . . . . . . . . : 192.168.0.15
   子网掩码  . . . . . . . . . . . . : 255.255.255.0
   默认网关. . . . . . . . . . . . . : 192.168.0.1
```

图 7-23　重新申请动态 IP 地址

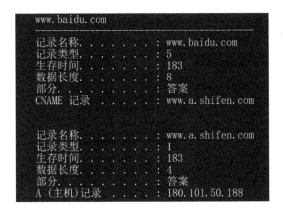

图 7-24　查看本地主机的 DNS 客户解析缓存

任务工作单 7-1　使用 Windows 内置命令检测网络

1. 任务目的

通过学习本任务，掌握使用 Windows 内置命令检测网络的基本状况

---

2. 任务要求

(1) 使用 ping 127.0.0.1 命令测试本地主机 TCP/IP 协议的安装是否正确。

(2) 使用 ipconfig/all 命令查看本地主机的网络配置。

(3) ping 本地主机的 IP 地址测试本地主机的网卡是否正常工作。

(4) 使用 ping 命令测试到 www.baidu.com 网站的网络通信速率及丢包率。

(5) 释放当前主机动态获取的 IP 地址。

(6) 为本地主机重新申请动态 IP 地址。

(7) 查看本地主机的 DNS 客户解析缓存

---

3. 讨论与项目考核

Windows 内置命令有哪些？这些内置命令的作用是什么？

---

4. 实施过程的截图

---

5. 测试结果分析

学习评价表 7-1　使用 Windows 内置命令检测网络

评价日期：　　　　　　　　　　　　　　　　　　　　　　成绩：

考核项目	考核要求	评分标准	分值	自评(40%)	师评(60%)	总评得分
能力目标	（1）使用 ping 127.0.0.1 命令测试本地主机 TCP/IP 协议的安装是否正确。 （2）使用 ipconfig/all 命令查看本地主机的网络配置。 （3）ping 本地主机 IP 地址测试本地主机的网卡是否正常工作。 （4）使用 ping 命令测试到 www.baidu.com 网站的网络通信速率及丢包率。 （5）释放当前主机动态获取的 IP 地址。 （6）为本地主机重新申请动态 IP 地址。 （7）查看本地主机的 DNS 客户解析缓存	（1）命令使用准确。（35分） （2）分析测试结果（35分）	70分			
素质目标	纪律表现	无迟到、早退或中途无故离开实训室等现象；尊重老师，团结同学（5分）	30分			
	爱护设备、保护机房环境	安全、正确地操作设备；保持座位周围整洁，不乱扔垃圾；离开实训室时将设备、配件和桌椅放回原位，并摆放整齐（5分）				
	团队协作能力	与小组成员配合良好，服从老师和组长的安排，积极主动地完成任务（5分）				
	严谨认真、诚实守信、精益求精	在完成任务的过程中，严谨认真，诚实守信，不抄袭、不窃取他人成果；对任务精益求精，高质量地提交成果（10分）				
	总结与反思	思维活跃，积极互动，总结并反思问题与收获，正确评价（5分）				

参 考 文 献

［1］ 耿家礼,葛伟伦.计算机网络实用技术［M］.北京:中国铁道出版社有限公司,2020.

［2］ 卢宁,邹晶晶,张军.计算机网络技术基础与实践案例教程［M］.北京:电子工业出版社,2022.

［3］ 阚宝朋.计算机网络技术基础［M］.3 版.北京:高等教育出版社,2021.

［4］ 华为技术有限公司.网络系统建设与运维:初级［M］.北京:人民邮电出版社,2020.

［5］ 蒋建峰,张娴,张运嵩.计算机网络基础项目化教程［M］.北京:高等教育出版社,2019.

［6］ 杨云,吴敏,邱清辉.计算机网络技术与实训［M］.5 版.北京:中国铁道出版社有限公司,2022.

计算机
网络基础
Computer
Network Basic

192.168.5.121
255.255.255.248

责任编辑 / 路亚妮
责任校对 / 郭 芳
装帧设计 / 吴 极

ISBN 978-7-5667-3302-3

9 787566 733023 >

定价：48.00元